JN143830

◉ 電気・電子工学ライブラリ ◉
UKE-C3

無線と
ネットワークの基礎

岡野好伸・宇谷明秀・林　正博　共著

数理工学社

編者のことば

電気磁気学を基礎とする電気電子工学は，環境・エネルギーや通信情報分野など社会のインフラを構築し社会システムの高機能化を進める重要な基盤技術の一つである．また，日々伝えられる再生可能エネルギーや新素材の開発，新しいインターネット通信方式の考案など，今まで電気電子技術が適用できなかった応用分野を開拓し境界領域を拡大し続けて，社会システムの再構築を促進し一般の多くの人々の利用を飛躍的に拡大させている．

このようにダイナミックに発展を遂げている電気電子技術の基礎的内容を整理して体系化し，科学技術の分野で一般社会に貢献をしたいと思っている多くの大学・高専の学生諸君や若い研究者・技術者に伝えることも科学技術を継続的に発展させるためには必要であると思う．

本ライブラリは，日々進化し高度化する電気電子技術の基礎となる重要な学術を整理して体系化し，それぞれの分野をより深くさらに学ぶための基本となる内容を精査して取り上げた教科書を集大成したものである．

本ライブラリ編集の基本方針は，以下のとおりである．

1) 今後の電気電子工学教育のニーズに合った使い易く分かり易い教科書．
2) 最新の知見の流れを取り入れ，創造性教育などにも配慮した電気電子工学基礎領域全般に亘る斬新な書目群．
3) 内容的には大学・高専の学生と若い研究者・技術者を読者として想定．
4) 例題を出来るだけ多用し読者の理解を助け，実践的な応用力の涵養を促進．

本ライブラリの書目群は，I 基礎・共通，II 物性・新素材，III 信号処理・通信，IV エネルギー・制御，から構成されている．

書目群 I の基礎・共通は 9 書目である．電気・電子通信系技術の基礎と共通書目を取り上げた．

書目群 II の物性・新素材は 7 書目である．この書目群は，誘電体・半導体・磁性体のそれぞれの電気磁気的性質の基礎から説きおこし半導体物性や半導体デバイスを中心に書目を配置している．

書目群 III の信号処理・通信は 5 書目である．この書目群では信号処理の基本から信号伝送，信号通信ネットワーク，応用分野が拡大する電磁波，および電気電子工学の医療技術への応用などを取り上げた.

書目群 IV のエネルギー・制御は 10 書目である. 電気エネルギーの発生, 輸送・伝送, 伝達・変換, 処理や利用技術とこのシステムの制御などである.

「電気文明の時代」の 20 世紀に引き続き, 今世紀も環境・エネルギーと情報通信分野など社会インフラシステムの再構築と先端技術の開発を支える分野で, 社会に貢献し活躍を望む若い方々の座右の書群になることを希望したい.

2011 年 9 月

編者　松瀬貢規　湯本雅恵
西方正司　井家上哲史

「電気・電子工学ライブラリ」書目一覧

書目群 I（基礎・共通）

1　電気電子基礎数学
2　電気磁気学の基礎
3　電気回路
4　基礎電気電子計測
5　応用電気電子計測
6　アナログ電子回路の基礎
7　ディジタル電子回路
8　ハードウェア記述言語による ディジタル回路設計の基礎
9　コンピュータ工学

書目群 II（物性・新素材）

1　電気電子材料工学
2　半導体物性
3　半導体デバイス
4　集積回路工学
5　光工学入門
6　高電界工学
7　電気電子化学

書目群 III（信号処理・通信）

1　信号処理の基礎
2　情報通信工学
3　無線とネットワークの基礎
4　基礎 電磁波工学
5　生体電子工学

書目群 IV（エネルギー・制御）

1　環境とエネルギー
2　電力発生工学
3　電力システム工学の基礎
4　超電導・応用
5　基礎制御工学
6　システム解析
7　電気機器学
8　パワーエレクトロニクス
9　アクチュエータ工学
10　ロボット工学

別巻 1　演習と応用 電気磁気学
別巻 2　演習と応用 電気回路
別巻 3　演習と応用 基礎制御工学

まえがき

ネットワークの拡大と発展により，我々の生活に役立つ様々な情報を簡単に素早く得ることができるようになった．ウェブサービスを通じて世界中の情報が取得できるブログを使うと，容易に自分の意見を世界中に発信することができるようになった．

携帯テレビ，IP 電話，遠隔医療，インターネットバンキングなどもすでに我々の生活に定着している．今後も，ネットワークのさらなる大容量化，高速化によって，これまで考えられなかったような新サービスが提供されるようになるであろう．

このような時代を迎えて，当然，ネットワークに関連する職業に従事することを目指す人，あるいは巻き込まれる人が多数存在するようになった．彼らのために，ネットワークについて，体系的，網羅的で，かつわかりやすく解説する書籍は必要不可欠であり，実際，このような書籍は多く出版されている．

しかし，これら書籍の内容は，広範で平易であるが，その次に読むべき，技術内容を記述した書籍は，意外と出版されていない．このため多くの人が，初心者向けの知識習得の後，いきなり，難解な各種通信分野の専門書をひもとき，悪戦苦闘する羽目に陥ることが多い．

そこで，我々は，ネットワークの技術解説書として，初心者の次の段階に進もうとしている人の期待に応える書籍を提供しようと思い立ち，本テキストの出版を企画した．

本テキストでは，通信の伝送，無線，TCP/IP，そして，ネットワーク運用技術としてトラヒック理論，信頼性理論など，入門的内容から，細分化された各種通信分野の内容の入り口となる技術内容を，網羅的に，かつ，わかりやすく解説している．ネットワークについての初心者的内容を一通り学ばれた方が，次に，本書を読むことで，無理なく，高度なネットワーク技術の習得へと前進できることを筆者一同願う次第である．

なお，本テキストの執筆担当は以下のとおりである．

第１・４章：宇谷明秀，第２・３章：岡野好伸，第５章：林正博

2015 年 3 月　　　　岡野好伸 ・ 宇谷明秀 ・ 林正博

目　次

第1章

無線とネットワークの基礎について **1**

1.1　本テキストの構成と学び方 ･････････････････････････ 2

第2章

情報伝送路技術 **5**

2.1　伝送路のしくみ ･･････････････････････････････ 6

2.1.1　メタルケーブルによる伝送路 ･････････････････ 6

2.1.2　無線伝送路 ････････････････････････････ 8

2.1.3　光ファイバによる伝送路 ･･･････････････････ 9

2.2　情報伝送方法その1（変調方式） ･･････････････････ 11

2.2.1　振幅偏移変調 ･･････････････････････････ 11

2.2.2　周波数偏移変調 ･････････････････････････ 11

2.2.3　位相偏移変調 ･･････････････････････････ 11

2.2.4　直交振幅変調 ･･････････････････････････ 13

2.3　情報伝送方法その2（多重化とスペクトラム拡散） ･････ 16

2.3.1　周波数ホッピング ････････････････････････ 16

2.3.2　直 接 拡 散 ････････････････････････････ 17

2.3.3　直交周波数分割多重 ･･････････････････････ 19

2章の問題 ･･････････････････････････････････ 20

第3章

無線ネットワーク 21

3.1 無線通信システムのしくみ 22
3.1.1 無線と電波 22
3.1.2 電波発生のメカニズム 24
3.1.3 電波伝搬のメカニズム 26
3.1.4 通信距離の推定方法 28
3.2 モバイル通信システム 31
3.2.1 通信システムの階層構造 31
3.2.2 ユーザ端末の位置把握 33
3.2.3 基地局間ハンドオーバ 34
3.2.4 基地局の同時利用 35
3.2.5 通信回線の交換方式 40
3.2.6 携帯通信端末とインターネット 43
3.3 衛星通信システム 45
3.3.1 静止衛星システム 45
3.3.2 周回衛星システム 47
3章の問題 54

第4章

TCP/IP 55

4.1 インターネット（大規模情報ネットワーク）のイメージ 56
4.1.1 情報ネットワークの分類 56
4.1.2 インターネット 57
4.2 大規模システムの設計における階層化の考え方 59
4.3 OSIとインターネット関連プロトコル 61
4.3.1 OSI参照モデル 61
4.3.2 下位4層（コネクション）の概要 62
4.3.3 インターネットプロトコルスイートの階層構成 63
4.4 階層別ネットワーク機器 66
4.4.1 リピータハブ 66

4.4.2　スイッチングハブ …… 68
4.4.3　ル　ー　タ …… 71
4.5　IP …… 72
4.5.1　IPv4 ヘッダ …… 73
4.5.2　IPv4 アドレス …… 75
4.5.3　サブネットマスク …… 78
4.5.4　ルーティング …… 80
4.5.5　ICMP …… 83
4.5.6　ARP と RARP …… 84
4.5.7　DHCP …… 86
4.6　トランスポート層の働き …… 87
4.6.1　ポート番号 …… 87
4.6.2　TCP と UDP の概要 …… 88
4.7　TCP …… 90
4.7.1　TCP ヘッダ …… 90
4.7.2　コネクション制御 …… 92
4.7.3　シーケンス処理と再送制御 …… 95
4.7.4　フロー制御 …… 96
4.8　UDP …… 99
4 章の問題 …… 100

第 5 章

トラヒック理論と信頼性理論　101

5.1　トラヒック理論 …… 102
5.1.1　トラヒック理論の意義 …… 102
5.1.2　評価対象と評価尺度 …… 104
5.1.3　トラヒック解析 …… 105
5.2　信頼性理論 …… 111
5.2.1　信頼性とは …… 111
5.2.2　評価対象と評価尺度 …… 112
5.2.3　信頼性解析 …… 119
5.3　トラヒック理論による解析に類似した信頼性解析 …… 125

5.3.1 信頼性理論における状態遷移 ・・・・・・・・・・・・・・・・ 125
5.3.2 状態遷移図に着目した信頼性解析法 ・・・・・・・・・・・・ 127
5.3.3 故障頻度の解析について ・・・・・・・・・・・・・・・・・・・・ 136
5章の問題 ・・ 140

問題略解 **141**

参考文献 **144**

索　　引 **146**

第1章

無線とネットワークの基礎について

本章では，本テキストの全体の構成について解説する．具体的には，情報ネットワークの階層構造に触れ，この階層構造と本テキストの各章との対応関係を説明する．読者は，自分の知りたい知識が，どの章に書かれているかを把握することができる．

1.1　本テキストの構成と学び方

本テキストはその題名が示すように，現代社会において必要欠くべからざるライフラインの１つである無線通信技術，あるいは情報ネットワークの根幹をなす基礎技術を習得するためにまとめられている．その内容は，ネットワーク自体が図1.1に示すように階層構造をなしているため，この基本構造に沿う形で解説を行っている．なお，よりユーザに身近なアプリケーション（層）はネットワーク技術の範疇（はんちゅう）には収まらないので，この部分の解説は別書に譲るとして，本テキストではコネクション部分に焦点を当てて記述されている．

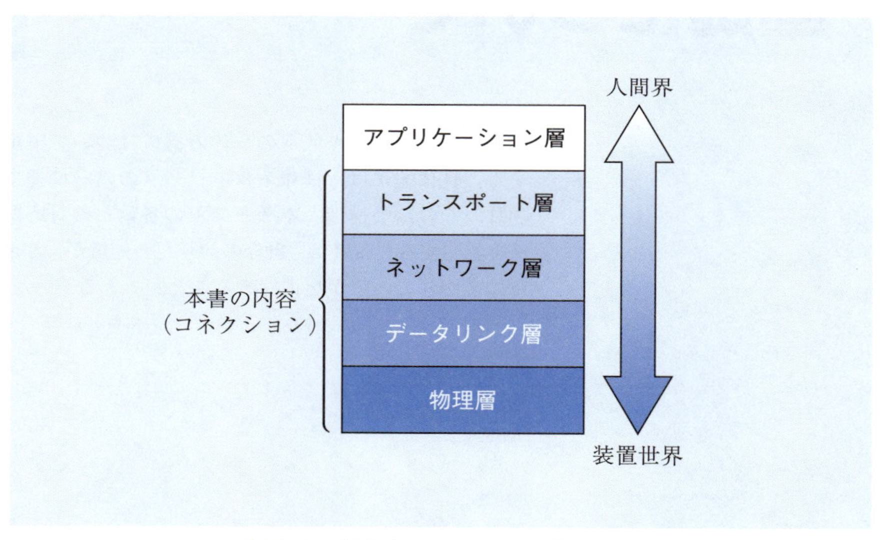

図1.1　情報ネットワークの階層構造

まず，第2章では，物理層，すなわち実際の通信機器，およびその制御部などのハードウェアに相当する部分について解説している．実際にネットワークシステムを構築するには情報を送り，受け取るパイプラインが必要であり，これに相当する情報伝送路技術について整理されている．

次に，第3章では，「いつでも，どこでも，誰でも」を達成する鍵となる無線通信技術について，電波の基本原理から，身近な無線ネットワークシステムである携帯電話・スマートフォンの通信システム，さらに人工衛星を用いた国際的通信ネットワークの概要などまでを解説している．したがって，ネットワークのハードウェアや無線技術，携帯通信サービスなどに興味がある読者は第2章から学ばれることをお勧めする．

続く第4章では，現在の情報ネットワークの代表例として，インターネットの構成とその動作原理（TCP/IP）について解説している．ここで，IPはネットワーク層，TCPはトランスポート層のプロトコルである．しかし，この章では物理層のネットワーク機器であるリピータハブ，およびデータリンク層のネットワーク機器であるスイッチングハブによるデータ転送（制御）についても概説している．TCP/IPについて解説した名著は多いが，第4章にはその基礎的内容がわかりやすくまとめられている．

最後に第5章には，通信ネットワークの設計および性能評価において援用されるトラヒック理論と信頼性理論の基礎的内容が整理されている．これまで，トラヒック理論と信頼性理論のそれぞれについて解説した名著は多いが，両理論の相互関係を配慮した入門的解説書はなかった．第5章では，日本において初めて両理論を一望できる入門的な解説がなされている．

情報伝送路技術および無線通信技術に関する基礎については第2章，第3章，情報ネットワークとその評価理論（トラヒック理論と信頼性理論）に関する基礎については第4章，第5章に整理されている．本テキストは，読者各位の興味と必要性に応じて，どの章からでも学習できるよう配慮されている．

● 携帯電話の世代交替 ●

- 第1世代（1G）1980年代

1979年登場の自動車電話をベースとした物で，アナログ通信方式が使用されていた．本体重量が3 kgもあり，さらに契約するには保証金20万円と加入料金8万円が必要で，真にセレブのシンボルであった．

- 第2世代（2G）1990年代

通信方式がディジタル化された最初の携帯電話機であった．2G携帯には欧米で広く普及した**GSM**（Global System for Mobile Communications）方式と日本だけで発達した**PDC**（Personal Digital Cellular）方式があった．ディジタル化により通信効率の向上はあったものの速度は遅く，音声回線で9,600 bps，パケット通信方式でも28.8 kbps程度であった．それでも，できるビジネスマンのシンボルであった．

- 第3世代（3G）2000年代

ディジタル情報の多重化技術の進歩（CDMA方式の出現）に伴い，通信速度が飛躍的に向上した世代．通信速度は2～2.4 Mbps程度に向上し，画像や音楽などサイズの大きな情報の伝送が可能となった．この頃には，携帯電話が現代人のシンボルとなった．

- 第4世代（4G）2010年代以降

さらなる多重化技術を駆使し，さらに情報伝送に使用する周波数の幅も拡大させることで，通信速度を100 Mbps以上に向上させるものであるが，いまだ真の4G携帯は研究の段階である．現行の**LTE**（Long Term Evolution）技術などは厳密には3Gの最終形態に属し，**3.9G携帯**とも呼ばれている．上り通信速度が5～50 Mbps，下りで10～100 Mbps程度に留まっている．はたして，4G携帯はいかなるもののシンボルとなるのか？

第2章

情報伝送路技術

情報伝送路技術には，大まかに分けて情報信号を運搬するための機器としての伝送路技術と，情報を効率的に電気信号に変換して伝送路に送出する情報伝送方法がある．そこで，この章では，伝送路技術と情報伝送方法の２つに焦点を当て，実際の情報伝送路技術について述べる．

2.1　伝送路のしくみ

情報を効率的に遠く・広く伝達するには，情報の伝達速度，伝達量が重要な課題となる．さらに，情報を行き来させる道路に相当する伝送路の効率や構築しやすさなどもまた，避けられない検討課題となる．情報を可能な限り高速で伝送させるには，伝送速度が光速に限りなく近くなる電気的信号を用いるのが得策である．この電気的信号には，常にプラスとマイナスの極性が交互に現れることで，信号の強弱が何らかの人為的な情報の重畳によるものか，外来からの雑音あるいは自然減衰による変化かを分別しやすい点で，交流信号が使用される．ただし，交流電気信号を送受信する伝送路は，振動する周波数によって，その形態が大きく異なる．

2.1.1　メタルケーブルによる伝送路

メタルケーブルはプラスとマイナスの極性を検出するために，2つの金属線を用いて交流信号を送受信する伝送路である．1ペアの金属線には，長距離に渡って最も安定的に信号が伝搬する基本波形として正弦波状の交流信号電流を流す．実際に情報伝送を行う場合は，後に詳しく述べるように，基本波形に人為的変形を加える，いわゆる**変調作業**を行う．通常，交流信号はペアをなす金属線同士で波形や振幅が同じで，流れる方向は逆向きとなる状態を保っている．図2.1に

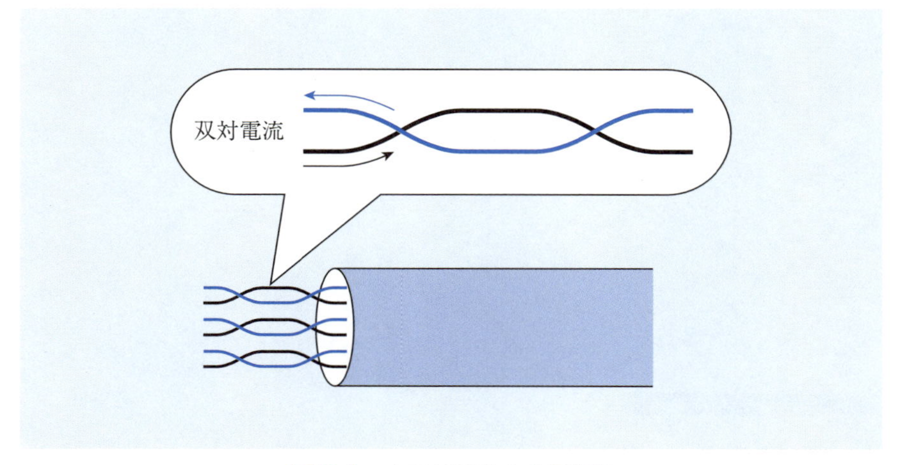

図2.1　より対線による伝送路

示す，**より対線**（twisted pair）はメタルケーブルによる伝送路の中で最もシンプルな構造を示している．より対線伝送路は有線電話網を用いたADSLやLANなどによく用いられている．また，この伝送路に流れる双対電流は互いに電流方向が逆である以外，形状，振幅ともに理論上一致しているため，電流のバランスが取れていることから，**平衡系伝送線路**とも呼ばれている．ただし，高い周波数の電気信号を流す場合，外部への信号漏洩や外来雑音に弱いといった欠点を持つ．

一方，図2.2に示す**同軸線**（coaxial cable）では2つの金属体間を交流信号電流が流れる点は共通しているが，内部導体線を取り囲むように円筒状の外部導体が存在する．そのため，外部導体に流れる信号電流（図2.2の「⊗」で示す電流）の総和と内部導体線を流れる電流（図2.2の「⊙」で示す電流）は対をなすが，互いの信号の流れる形状は異なるので，**不平衡系伝送線路**と呼ばれる．ただし，円筒状外部導体が信号漏洩や外来雑音に対し高い遮へい効果を発揮するので，直流から高周波数の信号電流までを安定的に伝送可能である．

ケーブル設置が固定的，または滅多に変形させない場合，外部導体は銅など柔軟性の高い金属管で構成される．一方，通信機器同士の接続などに使われる同軸ケーブルでは，ケーブルの柔軟性確保のために，外部導体が金属細線で編まれたメッシュによって構成されることが多い．

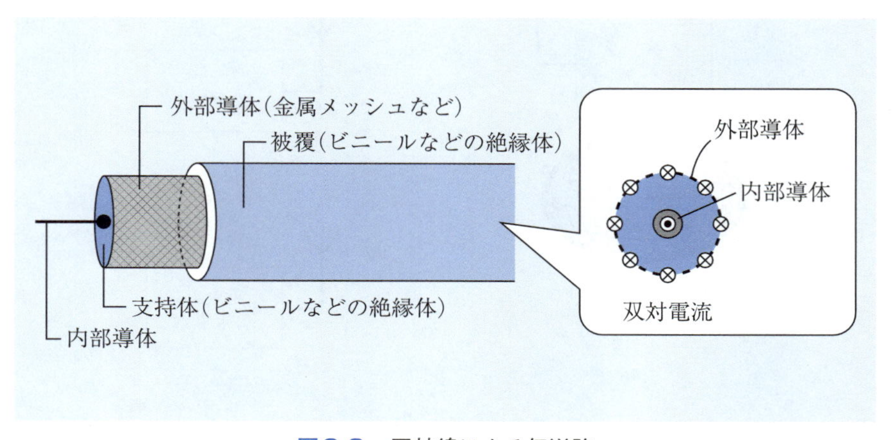

図2.2　同軸線による伝送路

2.1.2 無線伝送路

情報が重畳された交流信号は電気的エネルギー波でもある．そこで，このエネルギー波を効率的に空間に放出，または回収できれば，特別な金属線を設置しなくても，空間に伝送路が設定されたことと同じになる．これを可能にするため，図2.3 に示すように，電気的エネルギー波の効率的な放出・回収のための機器として**アンテナ**を用い，複数ユーザの共有を可能にした伝送路が**無線伝送路**である．この技術は現在のモバイル通信の根幹をなすものであり，第 3 章で説明を別途行うので詳細は省略する．無線伝送路は複数ユーザが同時に，しかも場所の拘束からも開放されて情報伝達できる点で卓越したものであるが，不特定多数の情報端末が伝送路共有を行う分，厳重なセキュリティ対策が必要となる．

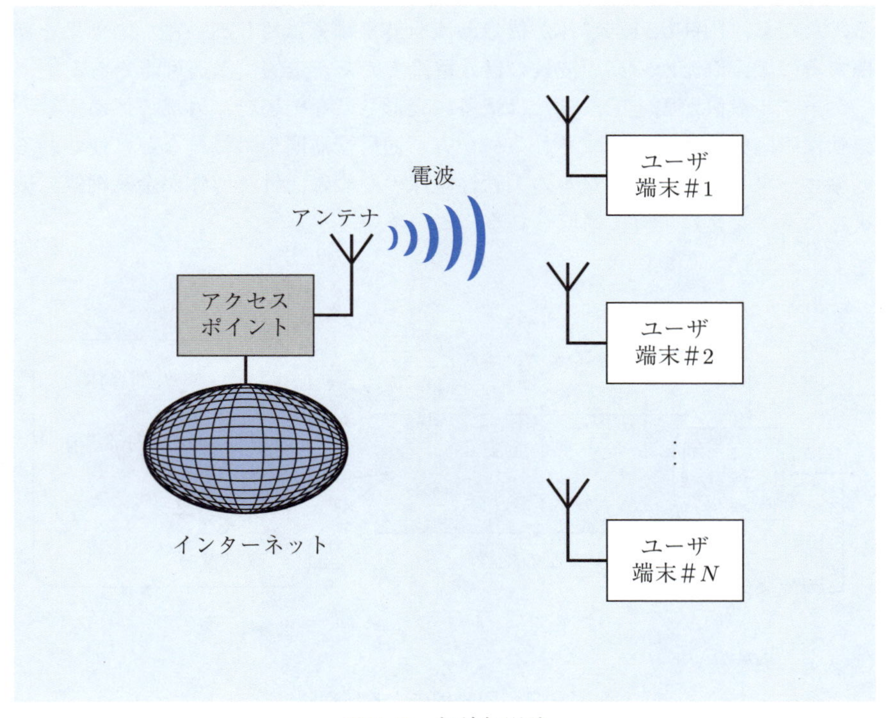

図2.3 無線伝送路

2.1.3　光ファイバによる伝送路

川や池などにおいて，水面を覗き込む際，浅い角度で水面を見ると表面が光ってしまい，水中の様子は観測できない．これは光の屈折率が高い水と，屈折率が低い空気の間で，光の全反射が起きているためである．光の全反射は，光が水中から水面にむけて放射された場合にも生じる．このとき，屈折率の異なる媒質の境界に適格な角度で入射した光は図2.4 (a) に示すように外部に散乱することなく，安定して屈折率の高い媒質中を伝搬する．この特性を利用し，図2.4 (b) に示すように高屈折率のガラス繊維（**コア**）の周囲に，これを保護するように低屈折率の樹脂層（**クラッド**）を形成し，情報を重畳した光信号を長距離伝達させるものを**光ファイバ伝送路**という．

光ファイバ伝送路にはさらにその構造・構成の違いにより2種類が存在する．1つは，コアを細くし，クラッドとコアの境界面での屈折率を不連続に変化させる．これにより，全反射条件を満たす光についてのみ，高い閉じ込め効果を持たせ，低損失で長距離に渡って光信号を伝送可能にした**シングルモードファイバ**（図2.5 (a)）である．これは大陸間などでの海底通信ケーブルに用いられている．

もう1つは，太いコアを利用し，さらにコアの屈折率を中心から外に向かって連続的に低くすることで，図2.5 (b) に示すように光信号が緩やかに反射される状況を作り出した**マルチモードファイバ**である．媒質内部の光の伝搬速度は屈折率に反比例するので，マルチモードファイバでは，コアの中心から遠いところで反射する光は速く進み，コアの中心付近を伝搬する光は遅くなるので，いずれの波も端部での到達時間は一致する．このため伝送波形が崩れ難く，また複数の異なる光信号を同時に伝送できる．ただし，光の閉じ込め効果がシングルモードファイバに比べて低く，損失が大きいので近距離用のLANケーブルなどによく利用される．

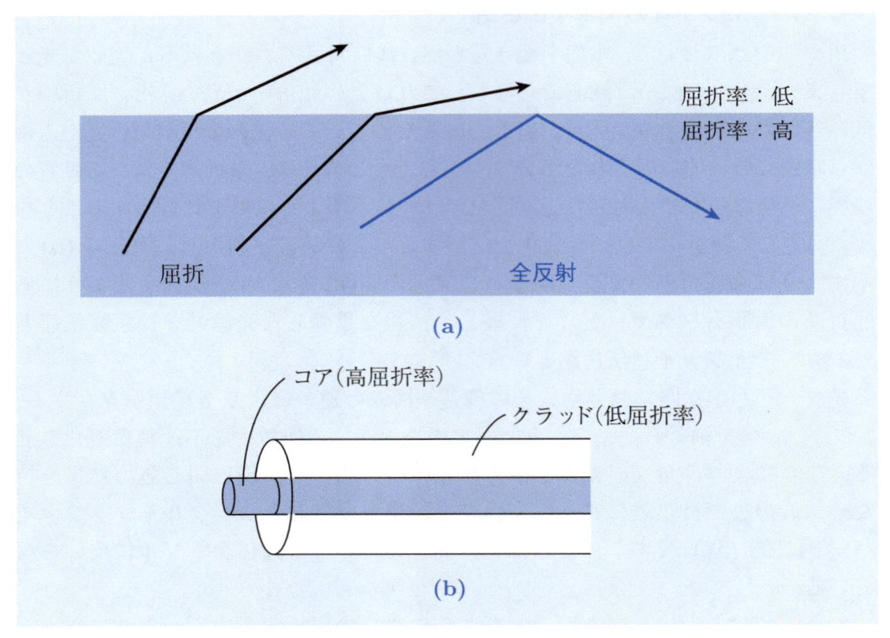

図2.4　光ファイバ伝送路

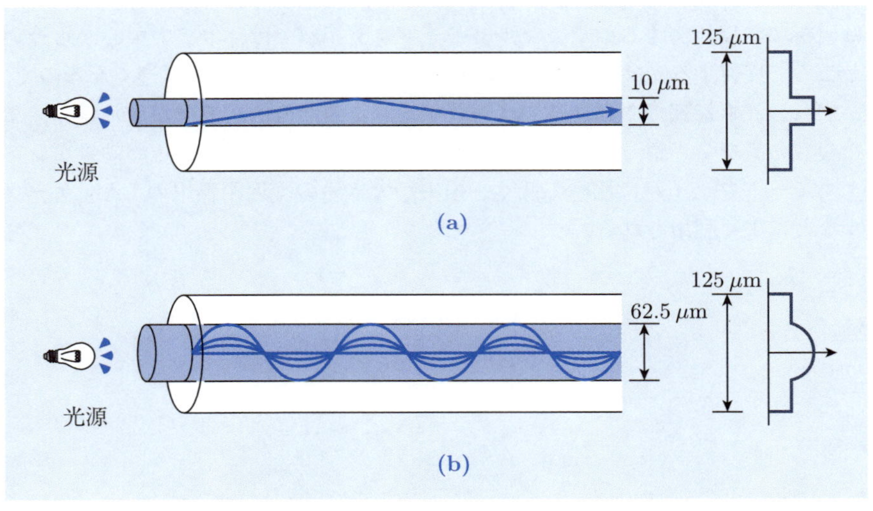

図2.5　光ファイバ内伝搬モード

2.2　情報伝送方法その 1（変調方式）

無線 LAN やスマートフォンは，高い周波数で振動する電気信号を利用してディジタル化された情報を前節の伝送路を用いて伝送している．しかし，情報伝送に使用する電気信号は，正弦波状の変化をする波動である．このため，そのままでは「1」と「0」が繰り返されるディジタル信号を伝送することはできない．そこで，正弦波にディジタル信号を重畳する技術が必要となる．これが**変調**といわれる技術である．このとき，変調される正弦波のことを，ディジタル信号を運ぶための波の意味で**搬送波**と呼ぶ．以下には，搬送波に施される代表的なディジタル変調方式を説明する．

2.2.1　振幅偏移変調

振幅偏移変調（**ASK**：Amplitude Shift Keying）は図 2.6 (a) に示すように，ディジタル信号の「1」に対して搬送波を「ON」状態にして振幅を特定の値に設定し，「0」に対しては搬送波振幅を「OFF」状態にする．無線 LAN などによく用いられるシンプルな変調方法である．つまり，ディジタル信号の「1」と「0」を搬送波の振幅の「ON」と「OFF」の偏移で表現し伝送する技術である．この変調方式は，他に高速道路の課金システムである ETC などにも用いられている．

2.2.2　周波数偏移変調

周波数偏移変調（**FSK**：Frequency Shift Keying）は，文字多重放送や欧州の携帯電話規格である GSM などに採用されている変調方式である．図 2.6 (b) に示すようにディジタル信号の「1」に対して搬送波の周波数を高くし，「0」に対しては搬送波周波数をやや低くする．ディジタル信号の「1」と「0」を搬送波周波数の「High」と「Low」の偏移で表現し伝送する技術である．

2.2.3　位相偏移変調

位相偏移変調（**PSK**：Phase Shift Keying）は図 2.6 (c) に示すように，ディジタル信号の「1」や「0」に 1 対 1 対応で搬送波に偏移を与えるのではなく，「1」から「0」，あるいは「0」から「1」にディジタル信号が偏移したタイミングで搬送波の位相を変化させる変調方式である．図 2.6 (c) の例では，位相の偏移量は π であるが，この位相偏移量を $\frac{\pi}{2}$ に設定すれば 1 回の変調で 2 つの情報（$2^2 = 4$），

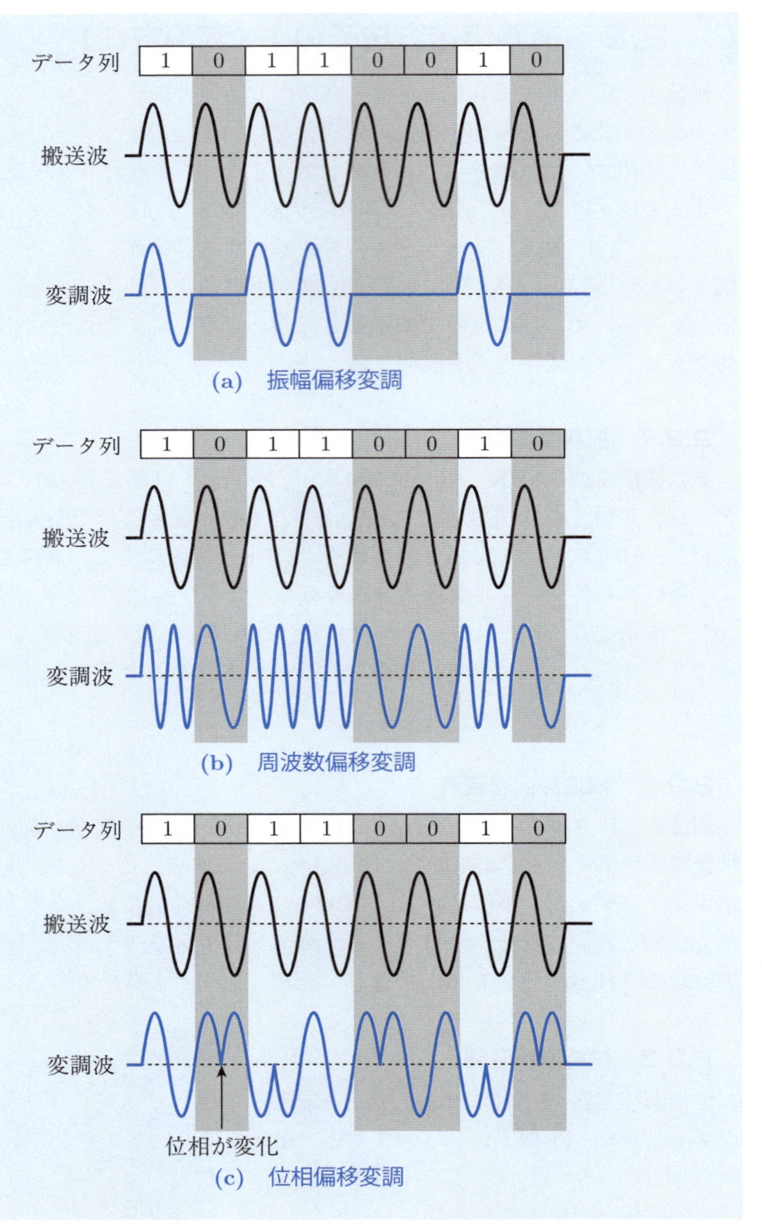

図2.6 電波にディジタル信号を重畳する方式

つまり 2 ビットの情報が伝送できることになる．この変調方式は，**QPSK**（Quadrature Phase Shift Keying）と呼ばれている．この位相偏移量の設定をさらに細かくし，8 つの位相偏移量（$2^3 = 8$）を使ってディジタル変調を行うと 1 回の変調で 3 ビットの情報伝送が可能な **8PSK** となる．この 8PSK は第 3 世代以降の携帯電話機や PHS に使用されている．

2.2.4　直交振幅変調

前述の振幅偏移変調において，振幅偏移量を「1」と「0」の二者択一から，「1, $\frac{1}{3}$, $-\frac{1}{3}$, -1」の 4 つの偏移を識別するようにした場合，4 つの異なる状態を表現できるようになる．1 つの搬送波で 4 つの状態を表現できるのであれば，互いに交わることのない 2 つの搬送波に対し，それぞれ 4 つの状態を付与することで，これらの組合せとして，$4 \times 4 = 16$ 通りの異なる搬送波の状態が 1 回の変調で創生される．具体的には，cos 波と sin 波のように位相が $\frac{\pi}{2}$ 異なる 2 つの搬送波を用いると，一方の搬送波のピーク時に他方の搬送波は振幅が「0」となる状態が維持されており，互いが混合することはない．この位相が $\frac{\pi}{2}$ 異なる，つまり**直交**している 2 つの搬送波に 4 つの振幅偏移量を与える変調方式は **16QAM**（**QAM**：Quadrature Amplitude Modulation）と呼ばれ，4 ビットの情報が伝送できることになるため，極めてディジタル信号の伝送効率が高い変調方式である．具体的なディジタル変調化の手順を図 2.7，図 2.8 に示す．

2 つの直交する搬送波のそれぞれについて「1, $\frac{1}{3}$, $-\frac{1}{3}$, -1」の 4 種類の振幅変移量を弁別した場合，これを X-Y 座標に展開すると，図 2.7 に示すように，第 1 象限で

$$(X, Y) = \left(\frac{1}{3}, \frac{1}{3}\right),\quad \left(1, \frac{1}{3}\right),\quad \left(\frac{1}{3}, 1\right),\quad (1, 1)$$

の 4 点に割り当てることができる．他の第 2, 3, 4 象限も同様にして，2 つの直交する搬送波への振幅偏移変調波は 16 個の点に割り当てられる．上記の 16 個の点の座標はこのままではアナログ数値による座標なので，これを 4 ビットの 2 進数を用いてディジタル化することになる．具体的には，図 2.8 に示すように，X, Y それぞれの成分を 2 ビットを用いて

$$X\ 成分：-1 \rightarrow「00」,\quad -\frac{1}{3} \rightarrow「01」,\quad \frac{1}{3} \rightarrow「11」,\quad 1 \rightarrow「10」$$

$$Y\ 成分：-1 \rightarrow「10」,\quad -\frac{1}{3} \rightarrow「11」,\quad \frac{1}{3} \rightarrow「01」,\quad 1 \rightarrow「00」$$

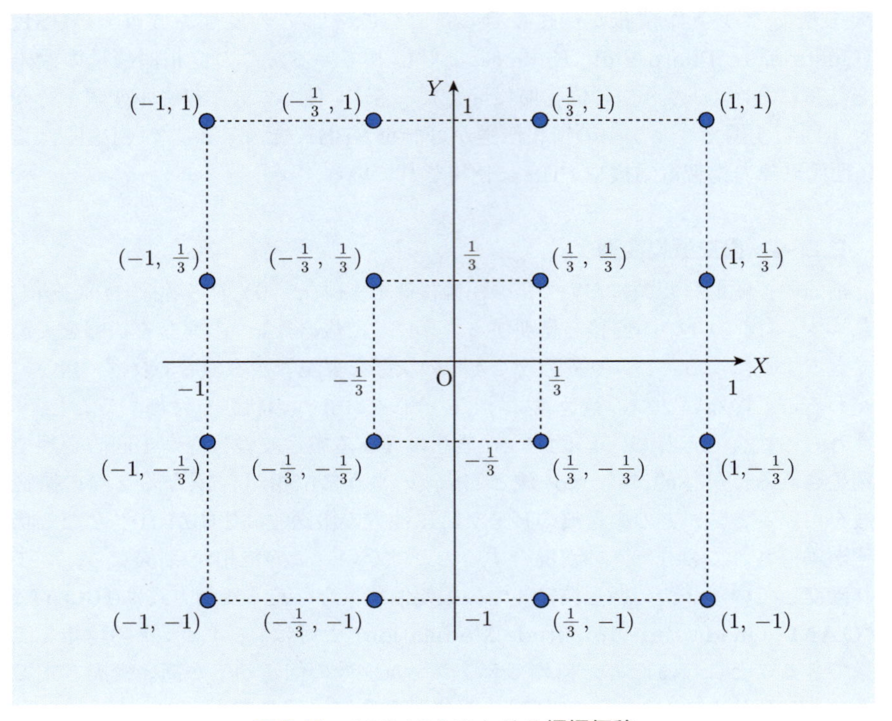

図2.7　**16QAM における振幅偏移**

と割り当てる．こうすれば，たとえば

$$(X, Y) = \left(\frac{1}{3}, -\frac{1}{3}\right) \to \text{「1111」}$$

となって，4ビットのディジタル化情報に変調される．直交する2つの搬送波の振幅変移量をさらに細分化することで，さらに64通り，256通りとより多くの異なる状態を創生できる．変移量の細分化の仕方により，**64QAM** あるいは **256QAM** などと分類される．単位周波数あたりの利用効率が高いため，高速データ通信を行う次世代携帯電話サービスへの利用が期待されている．ただし，振幅に細かい偏移を与えているため，空間を伝搬中に干渉を受けて電波レベルが変動した場合，高精度での復調ができなくなる可能性がある．伝搬中の干渉影響を抑圧するには，送信電力を大きくする必要があり，この欠点をいかに克服するかが，100 Mbps 超の高速通信の実現を目指す第4世代携帯電話の普及の鍵になると考えられる．

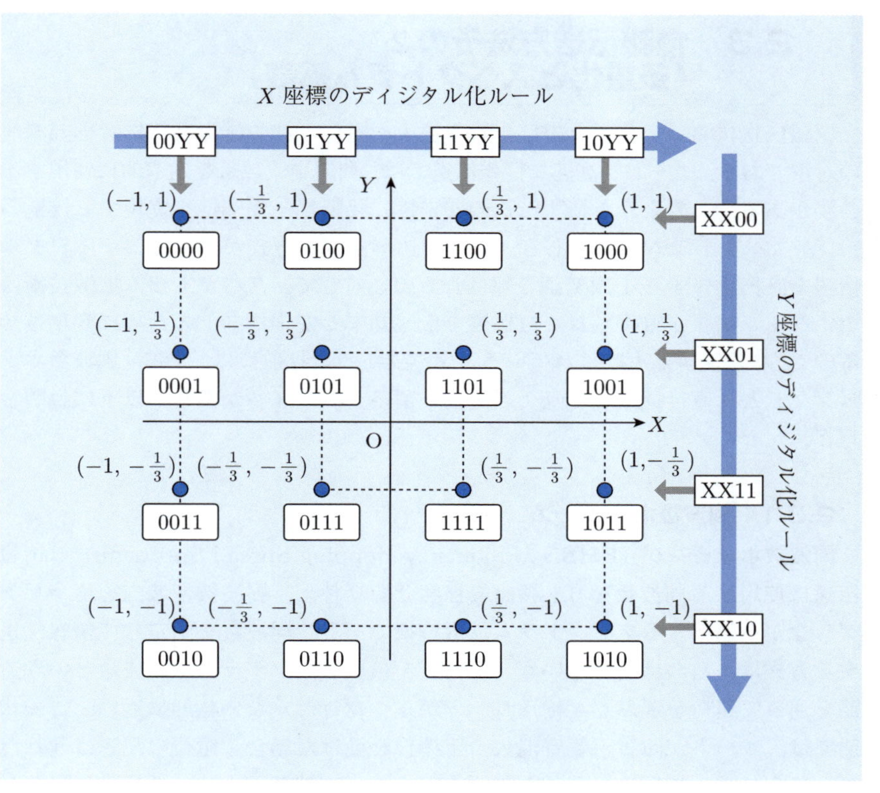

図2.8　**16QAM** のディジタル表現

2.3　情報伝送方法その 2（多重化とスペクトラム拡散）

情報伝送において重要なのは，雑音混入や電波干渉の排除と部外者への漏洩の対策である．さらに，高速な情報伝送では，利用周波数帯を効率的に使用する必要がある．このような情報伝送の安定性，秘匿性，効率性を実現する技術の 1 つがスペクトラム拡散である．前節で述べた変調方式が搬送波にディジタル情報を直接重畳する**1 次変調**と呼ばれるのに対して，**スペクトラム拡散技術**はディジタル情報が重畳された搬送波を伝送効率と安定性向上のために変移させるので，**2 次変調**とも呼ばれている．スペクトラム拡散には，主に「周波数ホッピング」と「直接拡散」，「直交周波数分割多重」の 3 つがあり，以下に説明を行う．

2.3.1　周波数ホッピング

周波数ホッピング（**FHSS**：Frequency Hopping Spread Spectrum）は情報伝送に使用する周波数を 0.1 秒間隔程度で切り替え，周波数帯域内をホッピングしながら通信するスペクトラム拡散技術である．周波数を固定して情報伝送する方式は，言わば情報という「積荷」を積載したトラックが周波数という道路を通って積荷を運ぶ際，輸送ルートが 1 つだけしかない状態に近い．この状態では，ルートが障害（雑音混入，干渉）を受けた場合，積荷の配送は遅れたり，場合によって届かなかったりする．また，部外者により「積荷」が狙われやすくなる．

一方，周波数ホッピングでは図 2.9 に示すように，伝送情報を小分けにし，それぞれを異なる複数の輸送ルートに振り分けるイメージである．このとき，情報の振り分け方や，ルートを走るトラックの到着順序は送受信間でのみ密約しておけばよい．この場合，ルートの 1 つに障害が生じても，他のルートの積荷に，もしものときのために，他のルートの積荷を復元できる予備情報を積んでおけば，到達した積荷から，未配送の積荷を復元できる．また，部外者が送受信間で決められた密約を知らないまま，1 つのルートの積荷を奪取しても，その情報は利用不可能な物となる．このため，情報伝送の安定性と秘匿性がある程度確保できる事になる．

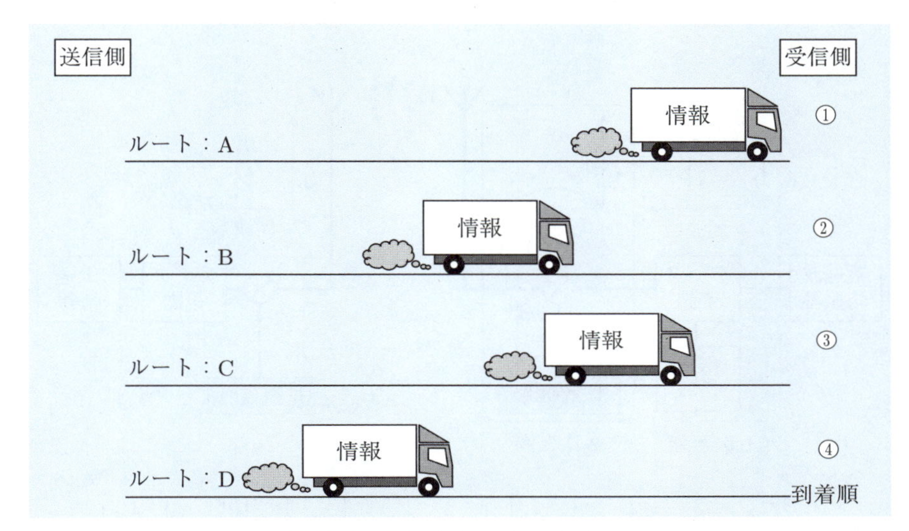

図2.9　周波数ホッピングの概念

2.3.2　直接拡散

直接拡散（**DSSS**：Direct Sequence Spread Spectrum）は無線 LAN（IEEE802.b 規格）や携帯電話の CDMA で用いられるスペクトル拡散方法である．送受信機のみが持つ**拡散符号**と呼ばれる「鍵」を用いて，1 次変調により生成されたディジタル変調信号を，広い周波数帯域に拡散するため，元来「鍵」が存在しない雑音信号や干渉に影響され難く，また「鍵」を所持しない部外者に対する秘匿性も高い．具体的な拡散技術を以下に説明する．

図2.10 に示すように，1 次変調により生成された 1 次変調により生成された「0」と「1」のディジタル信号に **PN**（Pseudorandom Noise）**系列**と呼ばれる特殊な符合を用いて変調を行う．PN 系列とは擬似的な乱数のような系列で，+1 または −1 をランダムな順序で発生させるものである．この系列を 1 次変調波に乗算すると，特定の狭い周波数帯域に，高い電力レベルで集中していた信号は広い周波数帯域に低い電力レベルで分散することになるので，これを拡散符号と称する．拡散符号により 2 次変調された信号が電波となって伝送され，これを受信した後，全く同じ PN 系列が再び乗算される．送信時に +1 または −1 が乗算された変調波は，受信後に全く同じ係数が再び乗算されることで

$$+1 \times +1 = +1, \quad (-1) \times (-1) = +1$$

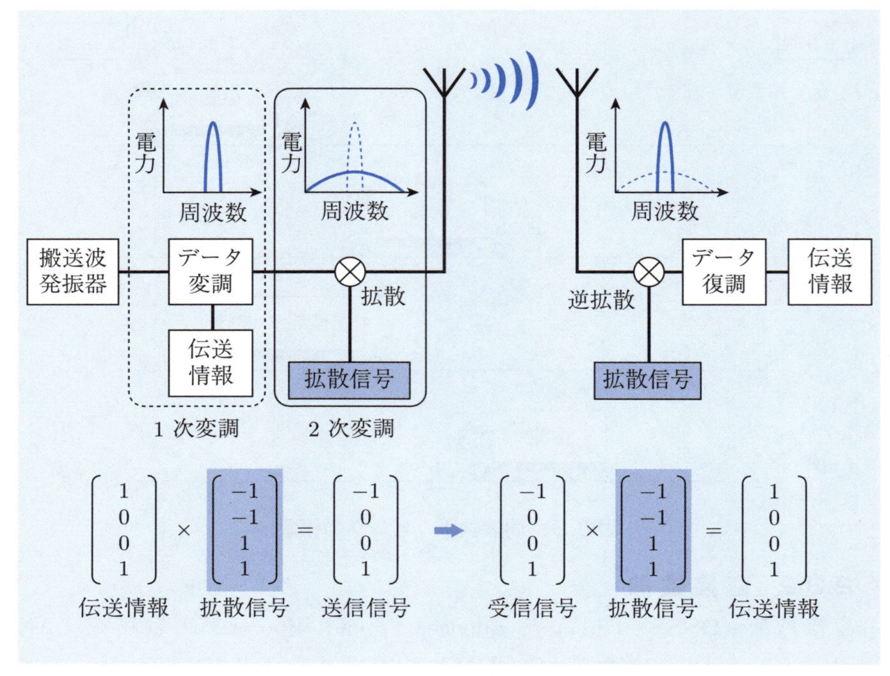

図2.10　スペクトラム拡散のプロセス

のようにすべて +1 となり，元の 1 次変調信号が復元される．このプロセスは**逆拡散**と呼ばれるもので，この後はデータの復号処理により所望の伝送信号が取り出せる．

ここで，外来からの雑音・干渉電波が最も加わりやすいのが，伝送している区間である．ただし，通信を阻害する外来雑音・干渉電波の大半は，狭い周波数帯域に高い電力レベルが集中した形のスペクトルを有する．そのため，これが所望信号と同時に受信アンテナに加わった場合，所望信号は逆拡散により 1 次変調波が復元されるが，外来雑音・干渉波にとっては拡散符号の乗算は逆拡散ではなく拡散と同じ変調に相当する．このため，外来雑音・干渉波は電力レベルの低い広帯域雑音に変換されてしまい，除去が容易に可能となる．

さらに，部外者が仮に無線伝送された拡散信号を傍受したとしても，送信側と同じ PN 系列を用いて逆拡散しない限り，1 変調信号の復元が不可能なため，高い秘匿性が保たれることになる．

2.3.3　直交周波数分割多重

直交周波数分割多重（**OFDM**：Orthogonal Frequency Division Multiplexing）は無線 LAN（IEEE802.a, g, n 規格）や携帯電話の高速データ通信規格，あるいはハイビジョンの地上ディジタル放送に使用されている方法である．使用周波数帯域を複数の副帯域（サブキャリア）に分割し，各帯域に用意された搬送波に，伝送情報側も分割して重畳させる方式である．拡散符号による処理方法は前記の DSSS と基本的に変わらないが，複数のサブキャリアに情報を分散させるので，通信安定性が高く，また情報輸送ルートの複線化がなされているので，情報伝送量も高められる．ただし，単純に周波数帯域を複数に分割する場合，サブキャリア同士の干渉を防ぐため，図2.11 (a) に示すようにガードバンドを設定する必要がある．その分，周波数利用効率が低下してしまう．

OFDM では図2.11 (b) に示すように，1 つのサブキャリアの電力レベルが「0」となる周波数に次のサブキャリアの電力ピークが来るように重ね合わせることで，干渉の除去と，サブキャリアの高密度配置を実現している．このとき，特定の周波数における隣接キャリア同士のスペクトルの内積が「0」になるようにサブキャリアが設定されているので，内積が 0 はベクトルの直交条件であることから，直交周波数分割多重と呼ばれている．

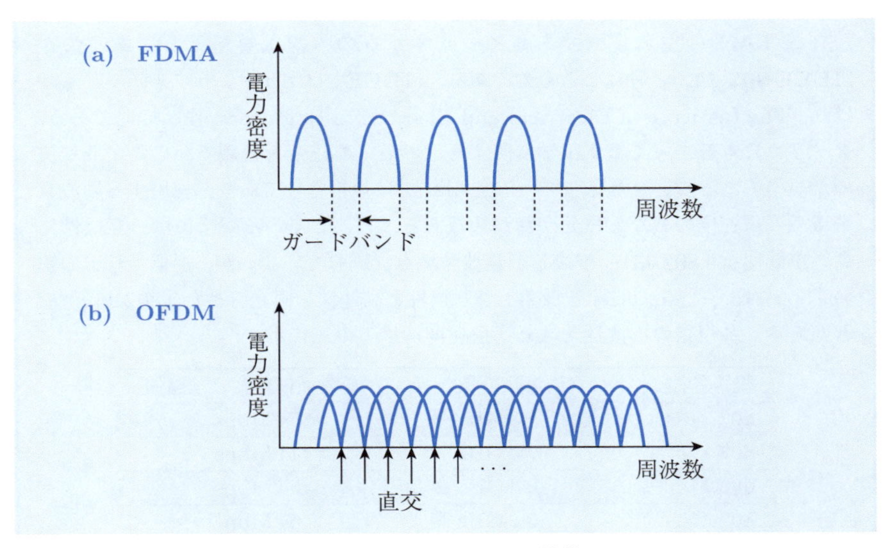

図2.11　OFDM の特徴

2章の問題

□**2.1**　メタルケーブルと，絶縁性物質であるガラス繊維を用いる光ファイバの利点と欠点について述べよ．

□**2.2**　64QAM を実現するとした場合，振幅と偏移，およびディジタル表現はどのようになるか考えよ．

□**2.3**　cos 波と sin 波は位相が $\frac{\pi}{2}$ 異なる波であるが，これらが互いに干渉しない数学的根拠を述べよ（2つの関数の内積を考えてみる）．

□**2.4**　煩雑ともいえる多重化技術を用いない場合，そのような通信技術にはどのような不都合が生ずるか考えよ．

● 無線 LAN の規格 ●

有線 LAN の主流規格であるイーサネットの無線版規格としてあるのが「**IEEE 802.11**」と呼ばれるものである．「**IEEE**」はアイ・トリプルイーとも呼ばれ，The Institute of Electrical and Electronics Engineers, Inc. の略である．アメリカに本部を置く電気工学に関する世界最大の技術者組織で，ここが取り決めた規格であることを意味している．802.11 は規格番号であり，使用する周波数帯域や通信速度の異なる枝分かれが複数ある．普及している規格には，互換性は高いが低速な「802.11b」や高速で電波環境も混雑していないが，通信エリアの狭い「802.11a」，「802.11b」を改善し，互換性と高速性を両立させた「802.11g」などがある．各規格の周波数帯域と通信速度は以下の表に示す．

規格名称	周波数帯域	最大通信速度（理論値）
802.11a	5.2〜5.3 GHz 帯	54 Mbps
802.11b	2.4 GHz 帯	11 Mbps
802.11g	2.4 GHz 帯	54 Mbps
802.11j	5.2 GHz 帯	54 Mbps
802.11n	2.4/5 GHz 帯	300 Mbps

第3章

無線ネットワーク

近年のネットワーク技術におけるキーワードは,「いつでも，どこでも，誰でも」であり，これを達成する要となるのが無線伝送路を用いた無線ネットワークである．本章では，無線ネットワークを支える電波の基本原理に始まり，最も高度な無線ネットワークシステムである携帯電話・スマートフォンの通信システム，さらには人工衛星を用いた通信ネットワークの概要までを述べる．

3.1 無線通信システムのしくみ

3.1.1 無線と電波

近年のインターネット技術は，固定点の間での通信から，無線 LAN やスマートフォンに代表されるように互いに移動する通信利用者同士による無線を利用した移動体通信に急速に比重を移しつつある．これらの技術も，データの加工・復元に関する基本的な手法は，光ケーブルやメタルケーブルを用いた有線の通信ネットワークと変わらない．しかし，無線通信ネットワークと有線通信の最大の相違点は，通信利用者の間のデータ伝送に「**電波**」を利用する点にある．インターネット技術の中核はディジタル技術であるが，この「電波」を取り扱い，制御する技術の根幹は高度なアナログ技術である．通信技術に精通していない人の中には，「ディジタル」が高度な技術であり，「アナログ」は低レベルの技術と短絡的に考える向きがある．しかし，これは大いなる誤りであり，無線通信では「電波」を使いこなさない限り，何一つできないと言っても過言ではない．

ここで，「電波」という言葉の他に，「**電磁波**」という言葉もある．この「電磁波」はより学術的な言葉であり，「電波」は「電磁波」の一部に属する．正確には，「電波」は，より法律的名称であり，**電波法**（昭和 25 年 5 月 2 日法律第 131 号）によって規定されている周波数帯の電磁波を電波と呼んでいる．

電磁波は表3.1 に示すように，X 線などのような極めて高い周波数の「光線」に類するものから直流（周波数 $f = 0\,[\mathrm{Hz}]$）までを含む．しかし，電波は 300 万 MHz（$= 3\,[\mathrm{THz}]$）までを上限としている（電波法，第 1 章 総則（定義）第 2 条の 1）．

電磁波は，周波数が高い（波長が短い）ほど直進性が高くなる特性を持っている．このため，**ミリ波**や**マイクロ波**と呼ばれる領域の電磁波は，物体の位置を検出するレーダなどによく用いられる．しかし，これらの電磁波は障害物により簡単に遮断されるため，携帯通信や放送の利用には不向きといえる．

一方，周波数が低くなるに従って，電磁波は物陰に回り込むように伝播する特性を持っている．このため，特に移動しながら行う通信への利用に適している．ただし，周波数が低くなるに従って，伝送可能な情報量も低下するため，無線通信に利用可能な周波数には限界がある．

表3.1　電磁波の周波数/波長とその特徴

周波数	波長	一般名称	略称	伝搬の特徴	情報量	利用状況
		放射線	—	・γ 線 ・X 線	—	・医療
3 THz	0.1 mm	光波 (光線)	—	・紫外線 ・可視光線 ・赤外線	—	・センサなど
300 GHz	1.0 mm	サブミリ波	—	・直進性が極めて高い ・水蒸気による吸収，減衰が大きい	—	・利用されていない
30 GHz	1.0 cm	ミリ波	EHF	・直進性が極めて高い ・降雨減衰が高い ・特定点間での長距離通信に有利	極めて大きい	・衛星通信 ・電波天文 ・気象レーダ
3 GHz	10 cm	マイクロ波	SHF			・衛星放送 ・レーダ ・ETC
300 MHz	1.0 m	準マイクロ波	UHF	・直進性が高く電離層反射はしない ・建築物や低い山などに対して，回析現象により回り込みでの通信が可能	大きい	・携帯電話 ・無線 LAN ・医療
30 MHz	10 m	超短波	VHF			・FM ラジオ ・警察無線
3 MHz	100 m	短波	HF	・電離層反射による全地球伝搬が可能	中程度	・船舶無線 ・短波ラジオ ・Suica
300 kHz	1.0 km	中波	MF	・地表に沿って長距離伝搬が可能 ・回析の度合いが大きく，山越えの通信が可能	少ない	・AM ラジオ ・アマチュア無線
30 kHz	10 km	長波	LF			・船舶や航空機のためのビーコン
3 kHz	100 km	超長波	VLF			・潜水艦用通信
		低周波	—	・空気や近接物体を振動させて伝搬	ほとんどない	・商用周波数(50/60 Hz)

3.1.2 電波発生のメカニズム

次に，電波のメカニズムに関して簡単に説明する．ここでは，簡単な事例として無線LANを想定した説明を行う．一般に，有線ネットワークでは図3.1 (a)に示すように，ルータ同士，あるいはルータとユーザ端末の間は，より対線を何本か束ねて使用する場合が多い．

たとえば，このケーブルで接続されたルータとユーザ端末の間を単純化して描くと図3.1 (b)の様になる．この状態は**双対状態電流**（あるいは**Differential mood 電流**）と呼ばれ，外部から見た場合，1ペアの金属線同士では双対電流が相殺しているようにみえる．このため，ルータとユーザ端末の間で信号電流は伝わるが，その周囲には電磁波現象に類する影響をほとんど及ぼさない．

一方，この1ペアの金属線を図3.1 (c)のように途中で切断すると，通常，信号源からの電流は切断ポイントですべて反射されて信号源に逆流するので，ユーザの端末内部の負荷には信号が到達しなくなる．しかし，信号源に接続された1対の信号線を図3.1 (d)に示すように，途中から直角に折り曲げてみると，状況は図3.1 (c)から変化してくる．

上下1対の信号線を直角に折り曲げた場合，この区間だけに着目すると，信号電流は下から上に互いに相殺することなく流れるように見える．本来，1対の信号線上を流れる正弦波電流は，金属線上を流れる電流の波長（以下，λと表記）の$\frac{1}{2}$ごとに，振幅が「0」となる「**電流の節**」といわれる部分と，振幅最大点となる「**電流の腹**」なる部分が繰り返し現れる．そこで，折り曲げ区間の長さを$\frac{\lambda}{4}$に近づけると，金属線の切断ポイントが「電流の節」に，折り曲げポイント部分が「電流の腹」に相当するような信号電流が，安定的に流れるようになる．そして，折り曲げ区間の全幅が$\frac{\lambda}{2}$にほぼ相当する状態では，この区間に特定の方向性を持った電流，あるいは**コモンモード**（Common mood）**電流**と呼ばれる電流が流れることになる．この部分の電流は対となる電流が存在しないので，空間中に恒常的に一定の方向に流れる電流のように見えるため，その周囲に電流の周波数と同期して変化する交流磁界が形成されることになる．このような現象は電磁気学などでよく紹介される**アンペール**（Ampere）**の法則**と呼ばれるものである．

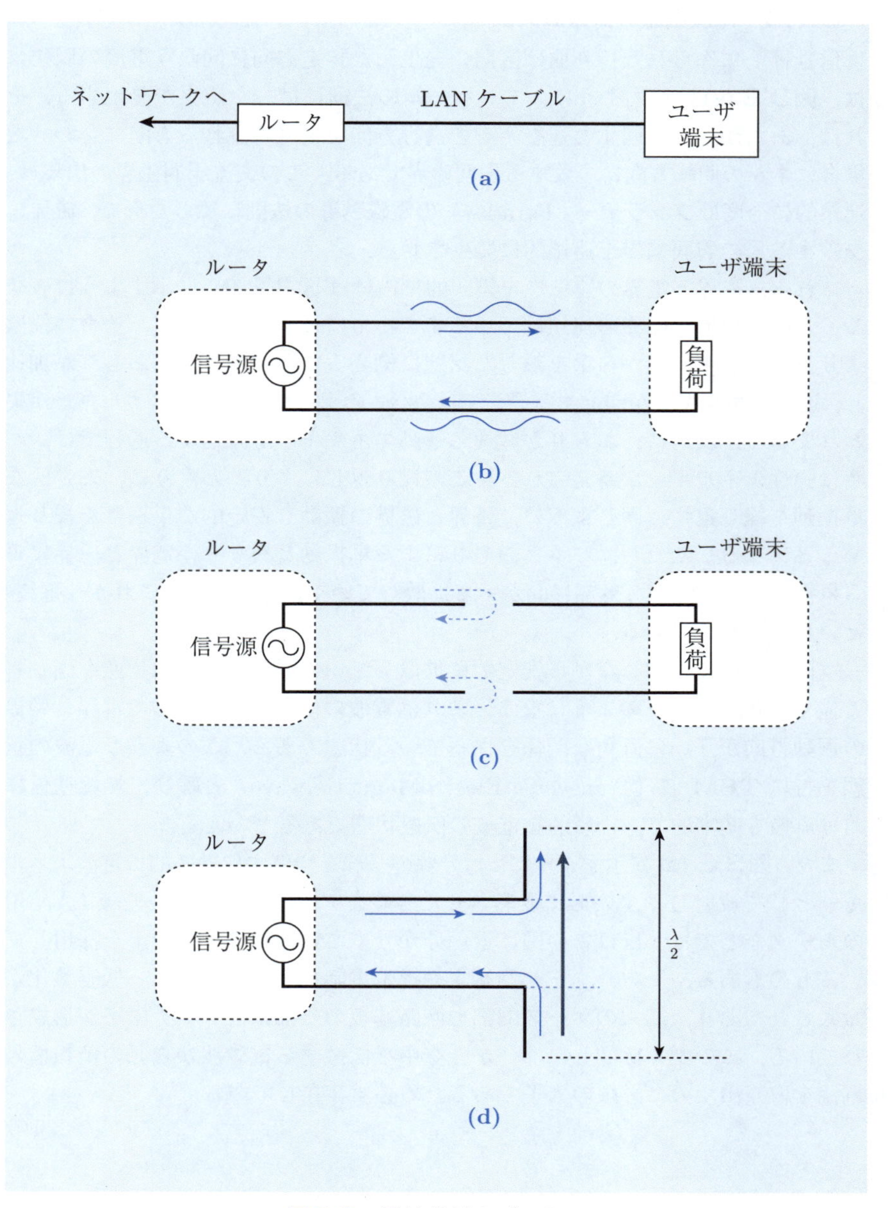

図3.1　電波放射のプロセス

3.1.3 電波伝搬のメカニズム

信号線上に作られた折り曲げ区間に発生した特定方向に向かう電流の周辺には，図3.2 (a) に示すように，アンペールの法則に従った磁界が発生する．それは，あたかも右に回すと進むネジの進行方向を電流の流れる方向に合わせた場合にネジの回転方向に一致する周回磁界である．この交流周回磁界の出現は，連鎖的に今度は**ファラデー**（Faraday）**の電磁誘導の法則**に添った形で，磁界に交差する形の周回電界を連鎖的に発生させる．

これら，磁界と電界の連鎖性を模式的に描けば図3.2 (b) に示すように表せる．この，電界と磁界の連鎖は，つるまきバネにおもりをつけて，釣合い位置より下に引き下げてから手を離した状態に例えることができる．おもりが加速し，運動エネルギーが向上する過程では，バネの保っていた弾性エネルギーが失われている．反対に，おもりが減速し運動エネルギーが減退する過程では，バネに弾性エネルギーが蓄えられる．この繰り返しにより，おもりは，安定的な単振動を繰り返す．同じように，電界と磁界の振動も安定的な単振動を繰り返すことになる．ただし，バネとおもりによる単振動と異なり，電界と磁界による単振動は信号源から外部に向かって拡散していくことになる．これが「電波」といわれるものである．

空間を互いに振動しながら安定的に拡散していく電界と磁界の状態を図として描くと図3.2 (c) のようになる．これは電波の伝搬方向に対して電界と磁界の振動方向が互いに直角な関係を保っている状態である．このような電波の状態を特に**TEM 波**（Transverse ElectroMagnetic wave）と呼び，無線通信における最も基本的で，一般的な電波の伝搬状態であるといえる．

また，図3.2 (a) に示すように，信号線の一部を空気中に効率的に電波エネルギーとして放射しやすい形に変形させたものを**アンテナ**と呼ぶ．無線 LAN 用のルータなどでは，ほぼこの図に近い分かりやすい棒状のアンテナを採用しているものもある．一方，ユーザ側端末や携帯電話などでは，小形・低姿勢化が徹底されており，端末のケース内部や回路基板の一部にアンテナ素子が形成されている．このため確認しにくいが，空中を伝搬する電磁波から元の情報信号電流を取り出すのに必須の素子であるため必ず存在している．

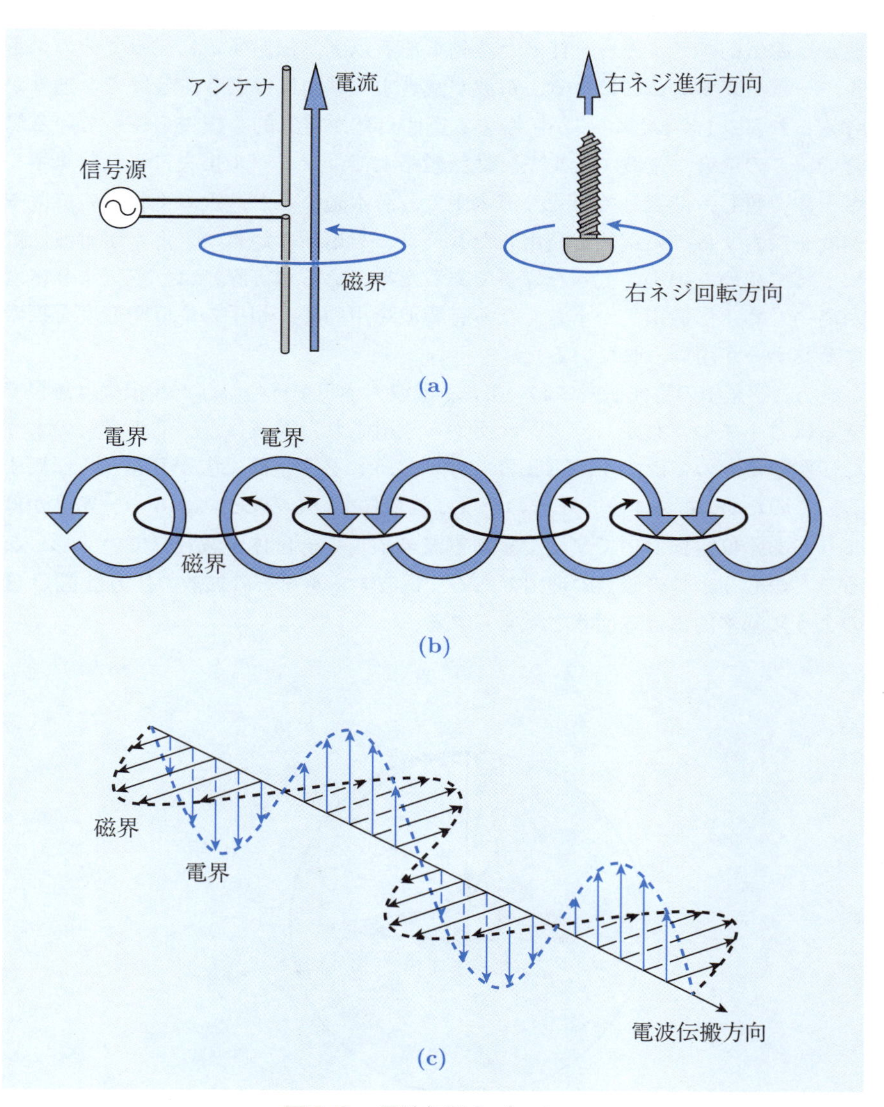

図3.2　電波伝搬のプロセス

3.1.4 通信距離の推定方法

前項で，TEM 波であれば電波は空間を安定的に進むと述べたが，それでも電波が電磁気的エネルギーを伴った波動である以上，伝搬するに従ってそのエネルギーは減衰することになる．電波が減衰する理由には大きく分けて 2 通りが考えられる．1 つは，電波が伝搬する空間自体が電気的な損失を持っている場合で，この場合，電波エネルギーは伝搬路上で，ジュール損失により熱エネルギーに変質し，減衰していく．海水中で，潜水艦などが，近づく相手の位置や速度を探索するのに電波を利用したレーダーを用いないのは，海水が電波伝搬にとって極めて損失の大きな媒質であるためである（実際には，空気より密度が高いため，伝搬損失が小さくなる音響波を用いて，相手の位置や速度を探索するソナーが用いられている）．

一方，空気中の電波伝搬においては，電波エネルギーのジュール損失は無視できるほど小さい．しかし，アンテナから放射された電波は，一筋の光線のように伝搬するものではなく，図 3.3 に示すように必ず空間に広がりながら伝搬する．このため，電波エネルギーの総量は減衰しないものの，エネルギー密度が薄まり，ある位置において享受できる電波エネルギー自体が減衰していく形となることがもう 1 つの減衰の理由である．電波エネルギーの拡散の仕方は図 3.3 のように基本的には球面状と考えられる．

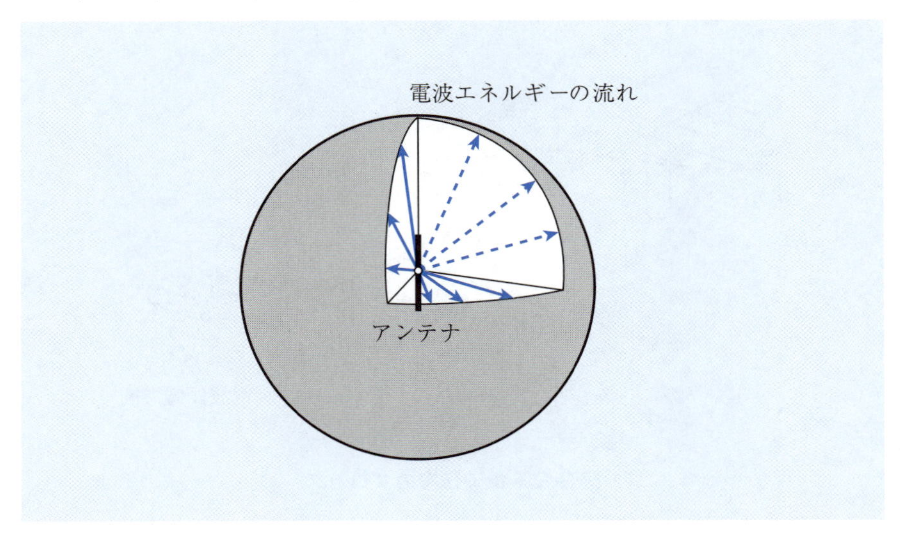

図 3.3 電波伝搬の基本モデル

したがって，送信機，受信機にそれぞれアンテナが接続され，2 つのアンテナ間隔が d である場合，送信機から送られた電波エネルギーは，アンテナを中心とした半径 d の球面上に拡散する．このため，受信機に届く電波エネルギーは $4\pi d^2$ に反比例する形になる．ただし，実際には，波長の長い（すなわち周波数の低い）電波は波長の短い電波に比べて，2 つのアンテナの間隔 d が同じでも，電波エネルギーの減衰が小さい傾向がある．また，送信または受信アンテナが電波を特定の方向に絞って効率的に放射または受信すれば，電波エネルギーの減衰は小さくなる．

これらの要因を考慮し簡潔にまとめたのが**フリス（Friis）の伝送公式**と呼ばれるものである．無線 LAN のサービスエリア予測や，後に説明する携帯電話サービスの基地局を設置する間隔の設定基準などに使われる重要な公式である．**図3.4 (a)** に示すように，送信機から送信アンテナに電力 P_{t} が送られたとした場合，送信アンテナから距離 d 離れた受信アンテナを介して受信機が受け取れる電力 P_{r} がフリスの伝送公式として，以下のように表される．

$$P_{\mathrm{r}} = P_{\mathrm{t}} G_{\mathrm{t}} G_{\mathrm{r}} \left(\frac{\lambda}{4\pi d} \right)^2 \tag{3.1}$$

ここで，G_{t} は送信アンテナの利得を，G_{r} は受信アンテナの利得を示すものである．**アンテナ利得**とは，ある基準に対して対象とするアンテナが特定方向にどの程度電波エネルギーを卓越して放射しているかを示す指標である．最も一般的に利用される利得の考え方は，**絶対利得**といわれるものである．これは，送信機からアンテナに送り込まれた電力が，途中のケーブルやアンテナでは全く損失を受けることなく 100%電波エネルギーに変換されたことを前提としている．その上で，アンテナを中心とした全方位に均等な強度で放射されたと仮定した場合の電力強度を基準とするものである．実際のアンテナは，アンテナを中心に全方位に均等に電力を放射することは不可能であり，**図3.4 (b)** に示すように，強く放射できる方向と，できない方向が存在する．したがって，アンテナ利得は方向によって変動する．**図3.4 (b)** の事例では，R_{i} を送信機の出力電力が全方位に均等に放射された場合の放射電力強度，R_{r} を対象アンテナの放射が最大となる方向での放射電力強度とすると，絶対利得は $\frac{R_{\mathrm{r}}}{R_{\mathrm{i}}}$ で与えられる．

一般に，無線アクセスポイントの出力やユーザ端末の受信感度は，おおむね利用する無線通信の規格によって規定されているが，通信環境によって実際の利用可能なエリアは変化する．

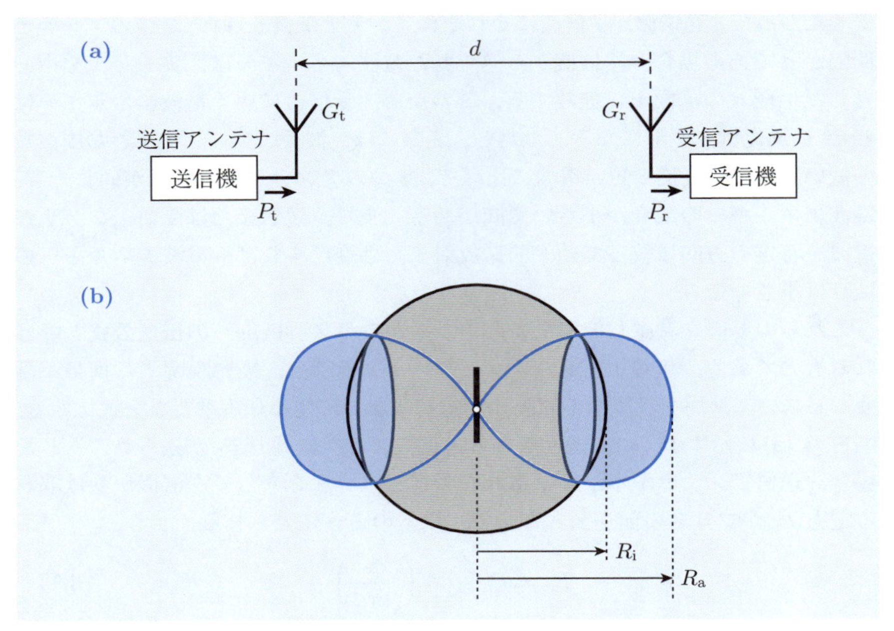

図3.4　フリスの伝達モデルとアンテナ指向性の概念

例題3.1

IEEE802.11g 規格の無線 LAN を利用したとすると，無線 LAN のアクセスポイントから 10 m 離れた位置におけるユーザ端末が受信できる電力を計算せよ．

【解答】 まず，使用周波数は $f = 2.45\,[\mathrm{GHz}]$ となるので，波長 λ は

$$\lambda = \frac{c}{f} = \frac{3.0 \times 10^8\,[\mathrm{m \cdot s^{-1}}]}{2.45 \times 10^9[\mathrm{Hz}]} \cong 0.1225\,[\mathrm{m}]$$

送信アンテナ絶対利得が $G_\mathrm{t} = 4$，受信アンテナ絶対利得が $G_\mathrm{r} = 1.5$ であるとして，無線 LAN のアクセスポイントの出力電力を $P_\mathrm{t} = 0.5\,[\mathrm{W}]$ とするならばユーザ端末に届く電力 P_r は

$$P_\mathrm{r} = 0.5 \times 4 \times 1.5 \times \left(\frac{0.1225}{4 \times \pi \times 10}\right)^2$$
$$\cong 2.851 \times 10^{-6}\,[\mathrm{W}] = 2.851\,[\mu\mathrm{W}]$$

■

3.2　モバイル通信システム

無線通信システムにおいては

- 通信システムユーザの利用場所の自由度を高めただけで電磁現象のタイムスケールからすれば静止しているとみなすか
- それとも常にユーザが移動しているとみなすか

によって，システム構成は大きく異なる．前者は，無線LANに代表されるシステムで，信号の変調方式などには固有の技術が用いられている．しかし，基本的には有線通信ネットワークのケーブル代わりに電波を用いて情報伝送しており，2.1.2 項で説明した技術内容で，基本動作の概容は理解されると思われる．一方，ユーザが常態的に移動することが前提の無線通信システムは**移動体通信**（**モバイル通信**）に区分されるシステムで，高度な通信回線制御技術を必要とする．そこで，以下には携帯電話サービスを例に挙げ，モバイル通信システムについて説明する．

3.2.1　通信システムの階層構造

モバイル通信の最も簡単なシステムの代表が**トランシーバ**である．これは，通信端末同士が直接通信回線を開設するものである．システムは単純であるが，端末から放射された電波が届く範囲が通信サービスエリアとなるため，極めて限定的な通信システムとなる．

タクシー無線システムは，大出力の基地局の管轄下に高速移動する車載無線端末が複数存在し，常時通信可能な状態を維持している．このシステムでは，トランシーバに比べて通信サービスエリアは広いが，エリア内のすべてに一斉に電波送信し，端末は個別認識のないまま，同時受信が可能となるので，秘匿性は確保できない．また，基地局のエリア外では通信が不能となる点で，全日本，あるいは全世界的なネットワークは構築できない．

携帯電話の通信回線は，多数のユーザが密集する都市部などでも違和感なく効率的で，さらに極めて広域で通信できるように，図3.5 に示すような高度な階層構造をなしている．携帯端末ユーザが通信を行う際，ユーザが端末の電源を OFF にしない限り，携帯端末は無線による通信回線設定のための電波を出しつづけている．この電波は，端末が存在する位置周辺の基地局に受信される．基地局には通信回線を設定するための受け持ちエリア，いわゆる**サービスエリア**が存在し，その中にある通信端末とだけ通信回線を設定する．このサービス

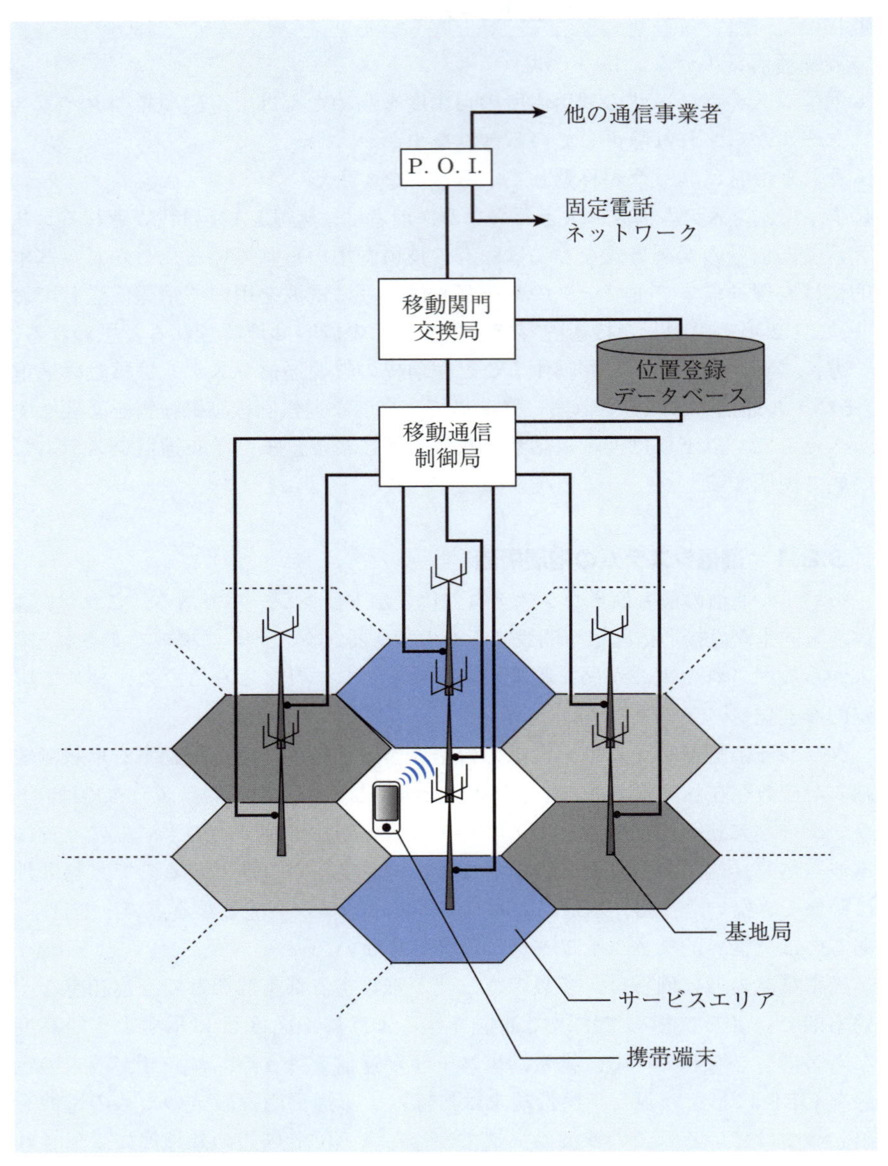

図3.5　携帯電話ネットワーク

エリアは隙間がないように配置されており，まるで生物の体を構成する細胞のような構成をしているので，**セル**（Cell）とも呼ばれる．また，これが語源となり，携帯電話は英語で **Cell phone** と呼ばれる．基地局のサービスエリア内にユーザ端末が存在するかどうかは，通信端末が常時送信している電波，いわゆる，待ち受け電波レベルと潜在的に存在する雑音電波レベルとの比率（**S/N**：Signal/Noise ratio）を監視し，しきい値以上であれば「存在」，しきい値であれば「存在せず」と判断することになる．基地局の上位には**移動通信制御局**が存在し，各基地局が存在を把握したユーザ端末の S/N を比較する．そして，最も優良な S/N が確保できている基地局にユーザ端末との回線を設定するように指示することになる．移動通信制御局の上位には，さらに**移動関門交換局**が存在し，ここを介して他社のモバイル通信事業者や固定電話サービス，インターネット回線などに接続することも可能となる．この関門交換局の後段に **P.O.I.**（Point Of Interface）が置かれ多様な通信ネットワークと回線設定される．

3.2.2　ユーザ端末の位置把握

携帯電話サービスでは，特定の携帯端末に呼び出しがあった場合，どの基地局から電波を放射すればよいのか判断する必要がある．このため，ユーザ端末の位置把握が必要不可欠となる．

携帯端末の電源が ON されている状態では，図3.6 に示すように，待ち受け電波が常時発信されており，その中には携帯通信番号が情報として重畳されている．これを受信した基地局は，当該番号のユーザ端末が自身のサービスエリア内にいることを，端末の位置情報として移動通信制御局に送る．携帯電話ネットワークには，すべての携帯端末の番号と，当該番号の端末がどの基地局サービスエリア内に存在するかの位置情報が対応付けられた情報が蓄積されたデータベース（**位置登録データベース**）が備えられている．

移動通信制御局が基地局からの端末位置情報を受信した場合，これによって位置登録データベースに情報が書き込まれる．また，ユーザ端末が，他の基地局サービスエリアに移動した場合には，移動先の基地局を通じてもたらされた**位置情報**が，移動通信制御局によって位置登録データベースに上書きされる．このため，位置登録データベースを参照すれば，対象ユーザ端末の現在位置を掌握可能となる．もし，図3.7 に示すように，第 3 者の端末から呼び出しがあった場合，その端末が求める携帯端末の番号を移動通信制御局が位置登録データベース内で検索し，回線設定したい相手端末をサービスエリア内に包含する基地局を選定し，呼び出し電波をユーザ端末へ発信する．

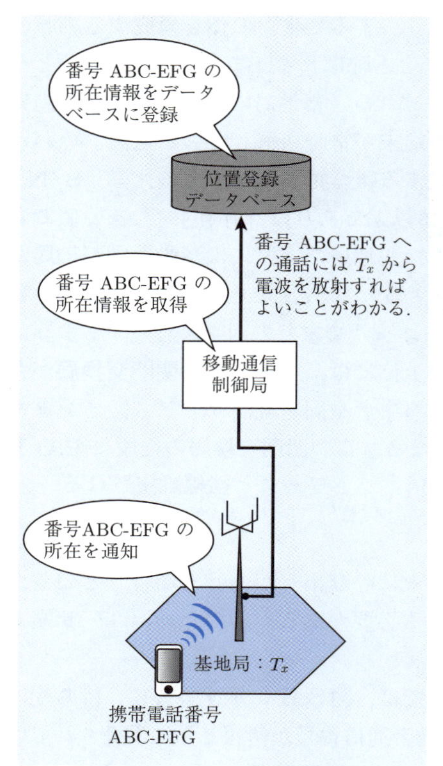

図3.6 携帯電話の位置登録手順

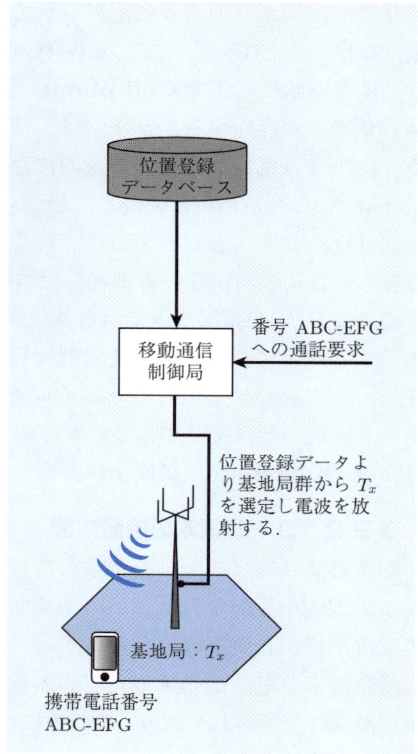

図3.7 携帯電話の呼び出し手順

3.2.3 基地局間ハンドオーバ

携帯電話などのモバイル通信では，ユーザ端末は常に移動し，その移動範囲は基地局のサービスエリアを越えることもある．図3.8 に示すように，ユーザ端末がサービスエリアを越境する場合，端末と基地局の間で交信される電波の S/N は大きく変化する．これを移動通信制御局が検出すると，ユーザ端末の推定位置に隣接する基地局とユーザ端末の間の S/N 監視が行われる．ここで，仮に従前の基地局エリアより良好な S/N が得られる基地局が検出されれば，移動通信制御局はユーザ端末が，その基地局エリアに移動したと判断し，位置登録データベースの更新を行う．この一連の動作を**ハンドオーバ**といい，これによってユーザは，意識せずに移動通信が可能となる．

ハンドオーバの対応速度は，通信形態によって異なり，携帯電話では自動車電話

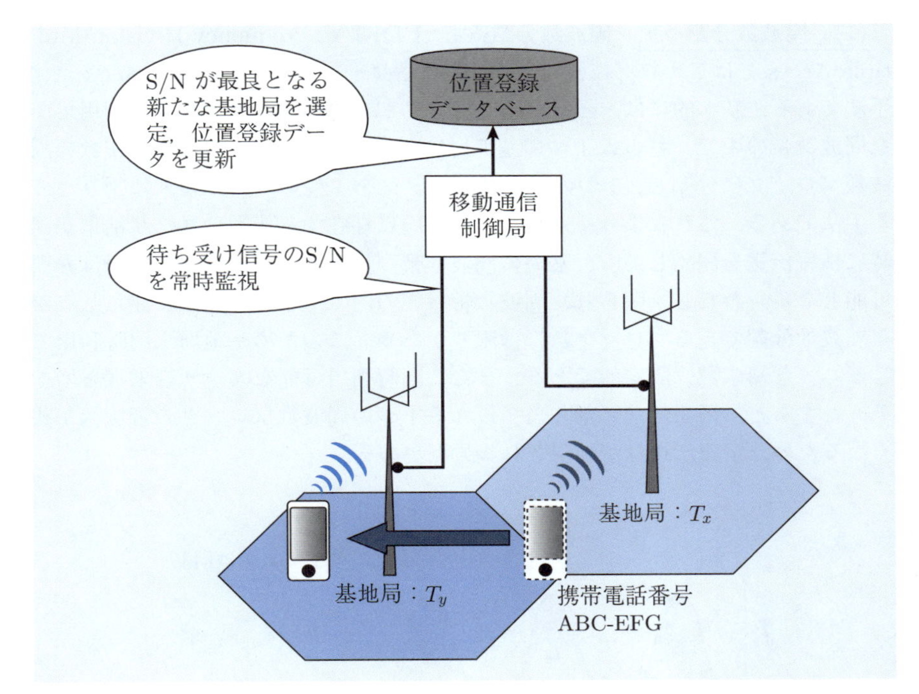

図3.8　ハンドオーバシステム

がその起源であるため，対応速度が高く設定されている．一方，**PHS**（Personal Handy-phone System）では，人の歩行速度を想定してハンドオーバが行われるため，高速移動中では通信が途絶してしまう．

3.2.4　基地局の同時利用

基地局のサービスエリア内には，複数のユーザ端末が存在し，その中のいくつかの端末が同時に通信回線の設定を要求することは十分に想定される．この際，それぞれのユーザがストレスなく通信回線を利用できるようにするには，複数端末による通信を**多重化**し，情報伝送処理を一括して行えるようにする必要が生じる．多重化を可能にするには端末ごとの通信に何らかの違いを付与し，伝送処理の際に，個々の情報を弁別可能な状態にしておく必要がある．以下には，複数端末による通信に付与される差異の種類により分類された代表的な多重化手法を説明する．

(1) 周波数分割多重　周波数分割多重（**FDMA**：Frequency Division Multiple Access）はアナログ技術による携帯電話サービスに適用されていた多重化手法である．基本的には，図3.9 に示すように，携帯電話サービスで利用可能な周波数帯の中で，さらに１つの基地局に割り当てられた周波数帯を複数の周波数ブロックに分割し，１つの周波数ブロックを１つのユーザ端末に割り当てる手法である．これにより，基地局エリア内に存在する複数のユーザ端末が同時に情報伝送を開始しても，互いの周波数帯が異なるので，個々の情報は弁別可能となる．ただし，限られた周波数帯域幅の内で，干渉の発生に注意しながら周波数分割できるブロック数には限りがあり，このため基地局を同時利用できるユーザ端末数は限定的である．また，同時利用可能なユーザ端末数を増やそうとすると，情報伝送に割り当てられる１つの周波数ブロックの帯域幅が狭くなるため，情報伝送量が制限される欠点がある．

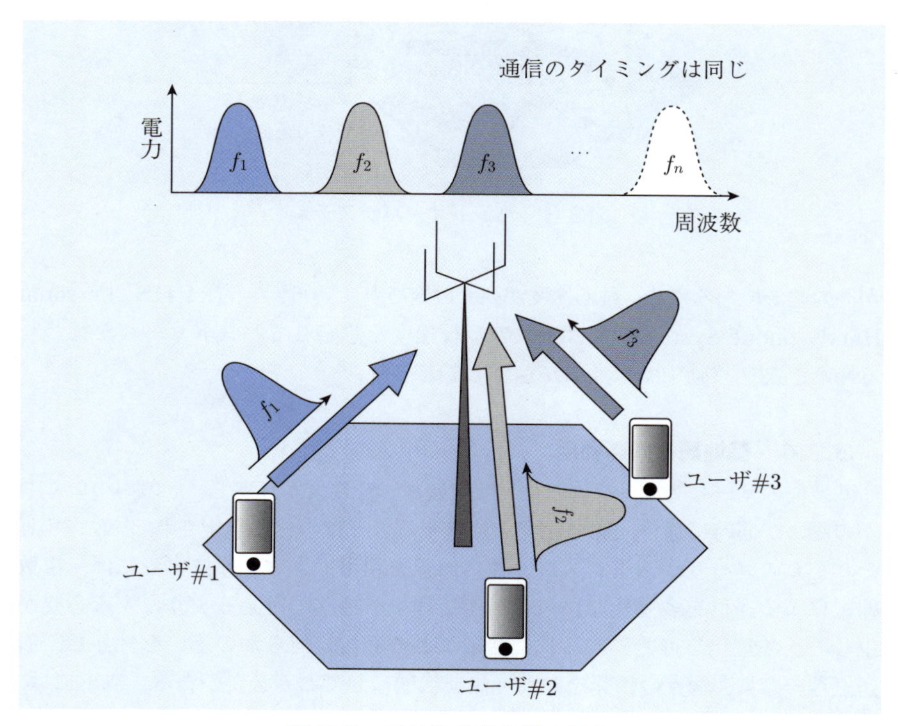

図3.9　周波数分割多重の概念

(2)　**時分割多重**　時分割多重（**TDMA**：Time Division Multiple Access）はディジタル化された初期の携帯電話サービスに適用されていた多重化手法である．図3.10に示すように，各ユーザ端末にはタイムスロットが割り当てられ，所定のタイムスロットの期間だけ，ディジタル信号で変調された搬送波を発信する．タイムスロットの終了と共に搬送波の発信を停止，次のタイムスロットが割り当てられたユーザ端末に電波送信を譲る形で行う多重化手法である．この際，FDMAと異なり，情報伝送に利用される周波数の帯域幅はすべてのユーザ端末で同一である．電波を送信するタイミングを変えることで，個々の情報は弁別可能となる．

日本のディジタル携帯電話の場合，20 μs ごとに1度，6.6 μs の間だけ電波を放射する形で多重化が実現されていた．ユーザ端末が伝送した情報は送信待機の期間中端末内のメモリに蓄積され，割り当てされたタイムスロットが来ると，この蓄積された情報が伝送される形式が取られている．ユーザ端末の数だけ周波数帯域を分割しなければならないFDMAに比べ，同時利用者数に関するハー

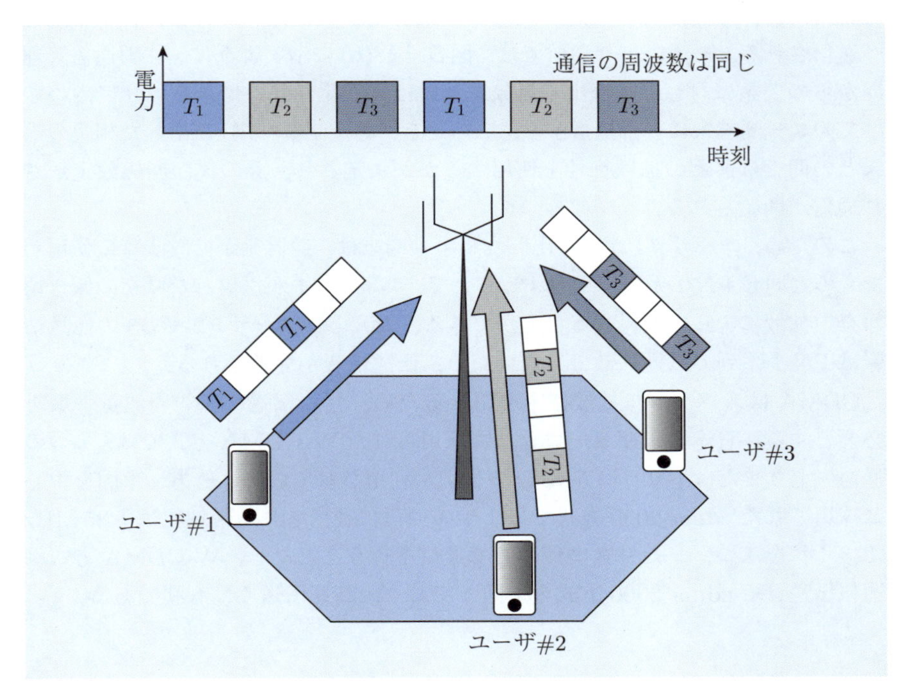

図3.10　時分割多重の概念

ドウェア的制約は少ない．しかし，同時利用者数を増やした場合，電波送信のローテーションが延びてしまうため，情報伝送量が制限され，同時利用者数を無制限に増やすことは不可能となる．

(3) 符号分割多重　符号分割多重（**CDMA**：Code Division Multiple Access）は第3世代（3G）携帯以降の携帯電話サービスに適用されている多重化手法である．図3.11 に示すように，1つの基地局エリア内にいるユーザ端末はそれぞれ別々のPN系列によりディジタル変調された伝送情報をスペクトル拡散させる．スペクトル拡散された信号は基地局において多重化され伝送される．このとき，スペクトル拡散された信号は，FDMAやTDMA方式と異なり，周波数帯域も信号送信のタイミングも全く同じである．ただし，スペクトル拡散に用いられるPN系列，すなわち拡散符号が異なるので，各ユーザ端末からの伝送情報は弁別可能となる．

たとえば，図3.11 (a) に示す上り通信の例では，ユーザ#1から送信されたPN-1系列により拡散された信号は，他のユーザからの信号と共に多重化されて基地局から，移動通信管理局を経由して通信相手が存在すると思われる基地局へ送信される．一方，下り通信では，図3.11 (b) に示すように，移動通信管理局からの要請に対し，呼び出し対象基地局は多重化された信号をエリア内のすべてのユーザ端末に一斉送信する．このとき，ユーザ#1が呼び出した相手の端末との間では，どの拡散符号を使用するかが決定され，その後，回線設定がされ通信が開始される．

このため，ユーザ#1が呼び出した相手の端末は，送信元が拡散演算に使用したものと同じPN-1系列を用意することで，ユーザ#1が送信した原初の伝送情報を逆拡散によって取得することができる．ただし，ユーザ#2や#3の伝送情報はPN-1系列では逆拡散できないため，伝送情報が弁別される．

CDMAはスペクトル拡散技術を用いるため，情報伝送に広い周波数帯域を必要とする．日本およびヨーロッパで採用されたW-CDMA方式では，1つの通信（上りまたは下り）に5 MHzの帯域が利用されている．一方，米国を中心に採用されたcdma 2000方式では1つの通信に利用される帯域幅は1.25 MHzで，これを1つ，または3つ使用して通信を行う．ただし，W-CDMA方式は情報伝送量でcdma 2000方式を上回っており，高速伝送では有利である．

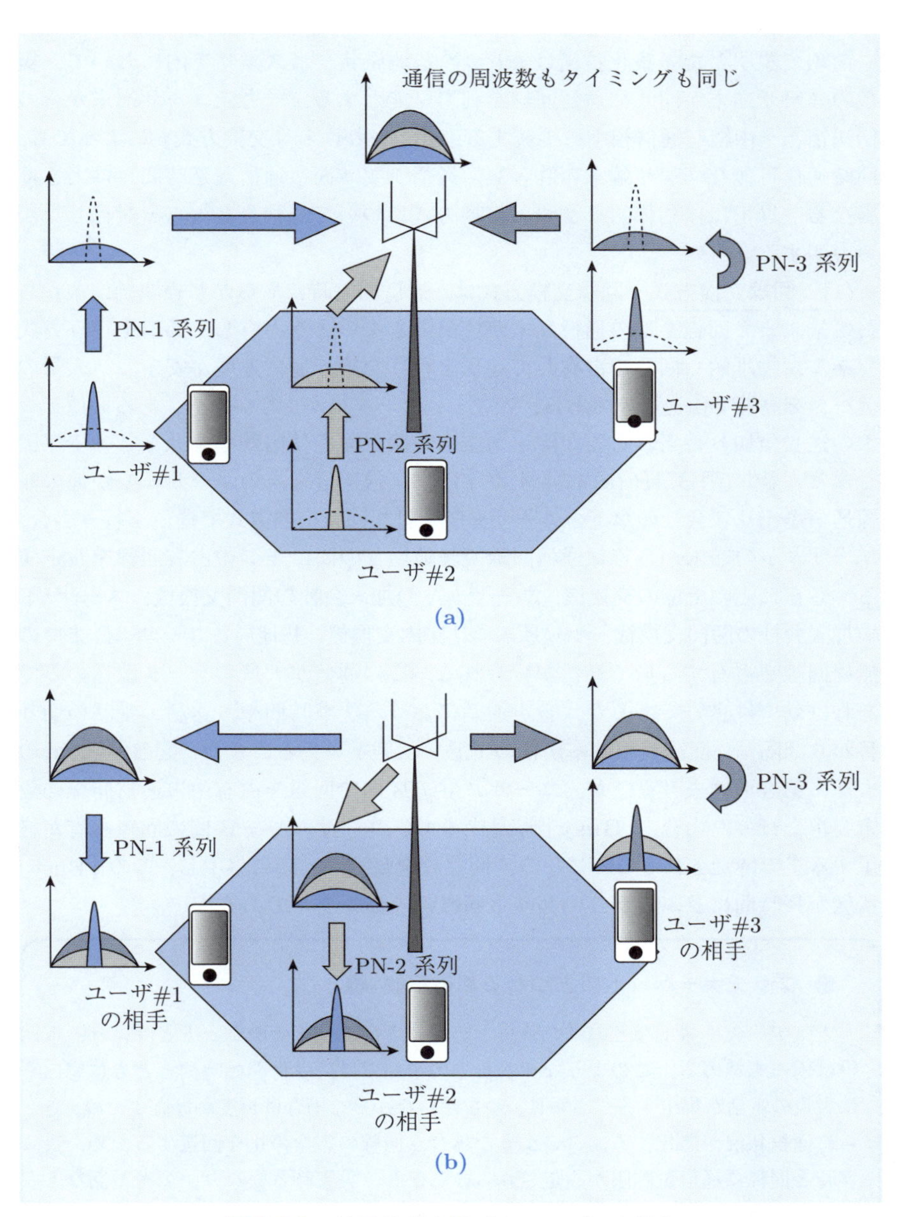

図3.11　符号分割多重（CDMA）の概念

3.2.5 通信回線の交換方式

前項で説明した多重化技術は，1つの基地局サービスエリア内において，複数のユーザ端末が同時に通信回線を利用可能とする．一方，ユーザ端末からの伝送情報を中継し通信相手に接続する手順，いわゆる「交換方式」によっても，同時通信可能なユーザ端末の許容数，通信所要時間（通信遅延時間）は大きく異なる．以下には具体的な2つの交換方式について，利点と欠点を対比しながら説明する．

(1) 回線交換方式 **回線交換方式**は，通信開始時にあらかじめ開始端末から終端端末まで回線を他の通信端末が使用できないよう占有し，通信を行う方式である．物理的な回線を占有して通信を行うため，通信速度が安定し，大量のデータを高速で伝送可能である．ただし，データ量が少ない場合，あるいはデータの送受信切り替えに必要なデータ空白時間が回線使用効率を低下させる原因となる．特に**図3.12 (a)** に示すように，無線通信端末のユーザ#A が他の無線通信キャリア会社の傘下のユーザ#B に対し回線交換方式で通信を行う場合，ユーザ#A の端末から無線通信回線で基地局との間に1つの占有回線を設定する．さらにその上位の交換機，ユーザ#A の加入会社の関門交換機，ユーザ#B の加入会社の関門交換機，サービスエリア内交換機，基地局とユーザ#B までの無線回線を占有する形で通信が行われる．この通信が大量のデータ伝送のみであれば効率は良好であるが，音声通話における沈黙時間や，送話・受話の切り替わり間隔は，回線使用効率が極めて悪い状態といえる．また，**図3.12 (b)** のように第3のユーザ#C が，ユーザ#A–#B 間で回線を占有中に通信回線の設定要求を行った場合，「**Busy**」状態となり，ユーザ#A–#B 間の回線占有が終了するまで待たされることになる．回線設定要求が一時に集中し，この「Busy」状態が長時間に及ぶのが，いわゆる回線の「**パンク**」である．

> **● プラチナチケットにまつわる都市伝説 ●**
>
> 人気アーティストなどのコンサートチケットはプラチナチケットと呼ばれ，取得は困難を極める．このようなチケットの予約では，受付開始時間とともに窓口に大量の電話が集中する．さらに，つながらなかった場合は再度かけ直すため，さらに回線状況が悪化する．このような場合，回線の完全停止を回避するため，災害時と同様に通信量制限が設定される．しかし，災害時と異なり，公衆電話などの優先回線からの電話も制限される．したがって，「チケット予約は公衆電話からの方が取りやすい」などは都市伝説に過ぎない．

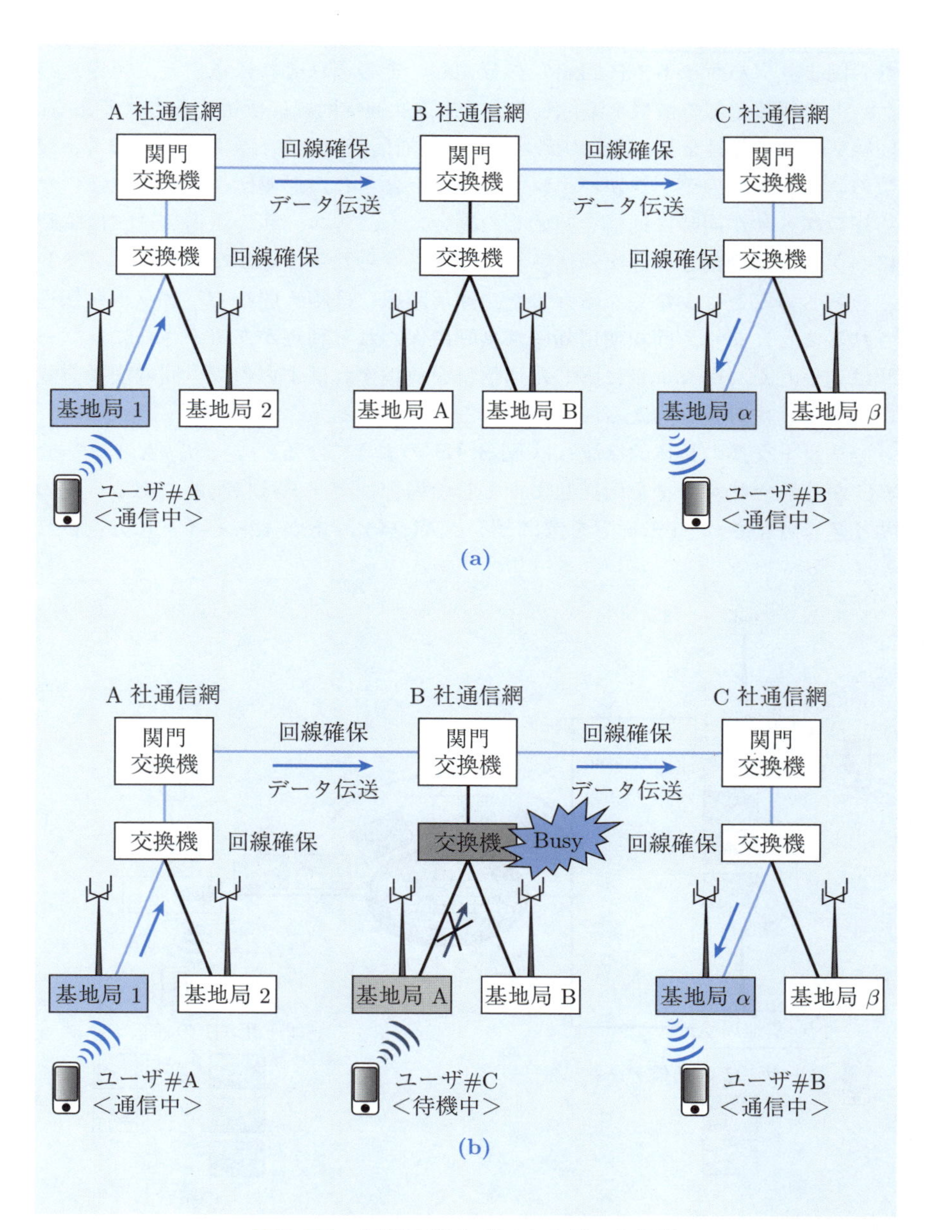

図3.12　回線交換方式によるデータ伝送

(2)　パケット交換方式　**パケット交換方式**とは送信データをある一定の大きさの固まり（**パケット：Packet**）に分割し，そのそれぞれに送信元，宛先，パケットの個数などの情報を添付した上で，逐次通信回線に伝送する方式である．回線交換方式と異なり，特定のデータのみが通信回線を占有するのではなく，複数のユーザからのデータがパケット単位で混合された形で伝送される．このため複数ユーザが同時に通信を開始した場合でも，各ユーザの送信データは瞬時にパケットに分割され逐次送信され，待機させられることがないので，ストレスを感じることは少なくなる．また，通信回線には絶え間なくパケットが伝送されることになり，回線使用効率は良好に保たれる利点がある．さらに，ユーザは送信したパケット量に応じた通信料を負担すればよいので，回線交換方式に比べて通信料金を抑えることができる利点もある．

パケット交換の具体的な流れは図3.13のようになる．ユーザ#Aとユーザ#Cがそれぞれデータを伝送しようとした場合，データは自動的にある一定のサイズに分割され（iモードを例にとると，1パケットが128バイトに分割され

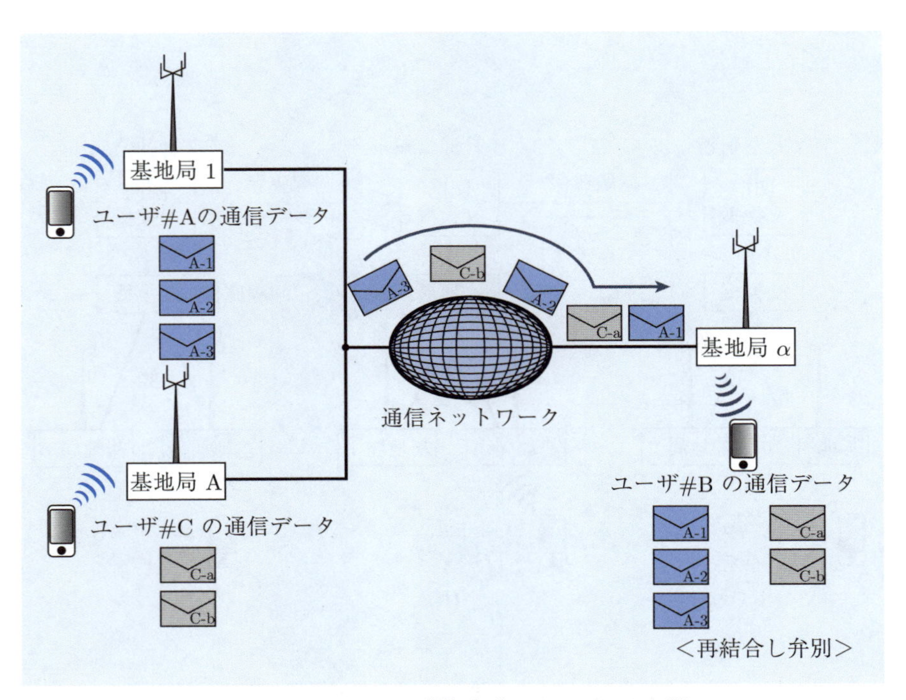

図3.13　パケット交換方式によるデータ伝送

る），そのすべてに送信元，宛先，パケットの個数などの情報を含むヘッダーが追加されて通信回線に送信される．各ユーザからのパケットはランダムに入り混じった形でユーザ#B に向けて伝送される．宛先に到着したパケットは，その到着順序がランダムであっても，ヘッダーの情報を基に再度結合されるので，ユーザ#B には，ユーザ#A および#C から伝送されたオリジナルデータが届くことになる．

パケット交換方式の欠点としては，パケット単位での伝送が常に最短経路で行えるとは限らず，1 つでも迂回路を伝送されたパケットがあれば，伝送データか完全に宛先に届いて復元させるのに時間がかかってしまうことである．また，複数の伝送路にパケットが分散されて伝送される場合，伝送路ごとのパケットの伝送状況，つまり混雑状況は時々刻々と変化する．そのため，宛先に完成された情報が伝送されるまでの速度は不安定となり，リアルタイム性が保証されない欠点もある．そのため，リアルタイム性が重視されるコンテンツデータでは，バッファシステムを中継することで，データの途切れを回避するなどの工夫が必要である．

3.2.6　携帯通信端末とインターネット

携帯通信端末からインターネットを経由して，PC などにメールやその他のデータを転送する場合，携帯通信端末の種類によって接続方法が異なる．たとえば，図3.14 (a) に示すように，接続先の通信端末も携帯電話の場合，双方の通信プロトコルが同じであるため，携帯電話網のみを経由して情報伝送が行われる．一方，図3.14 (b) に示すように，携帯電話からインターネットにアクセスするには，携帯電話機自体は次章で説明する TCP/IP を扱えない．そのため，伝送情報はインターネットと携帯電話網を分別するゲートウェイにおいて通信プロトコルを変換し TCP/IP が扱えるようにする．これによって，インターネットにアクセス可能となる．この際，携帯電話網からの伝送情報は一旦データサーバに蓄えられ，ゲートウェイにおける通信プロトコル変換に備える形になる．これに対し，図3.14 (c) のように，スマートフォンを使用する場合は，伝送情報はすべて IP により通信される．ただし，スマートフォンに対して十分なハンドオーバを行うには携帯電話網による高度な移動管理が必要であるため，インターネットにはゲートウェイ経由でアクセスする形が取られている．

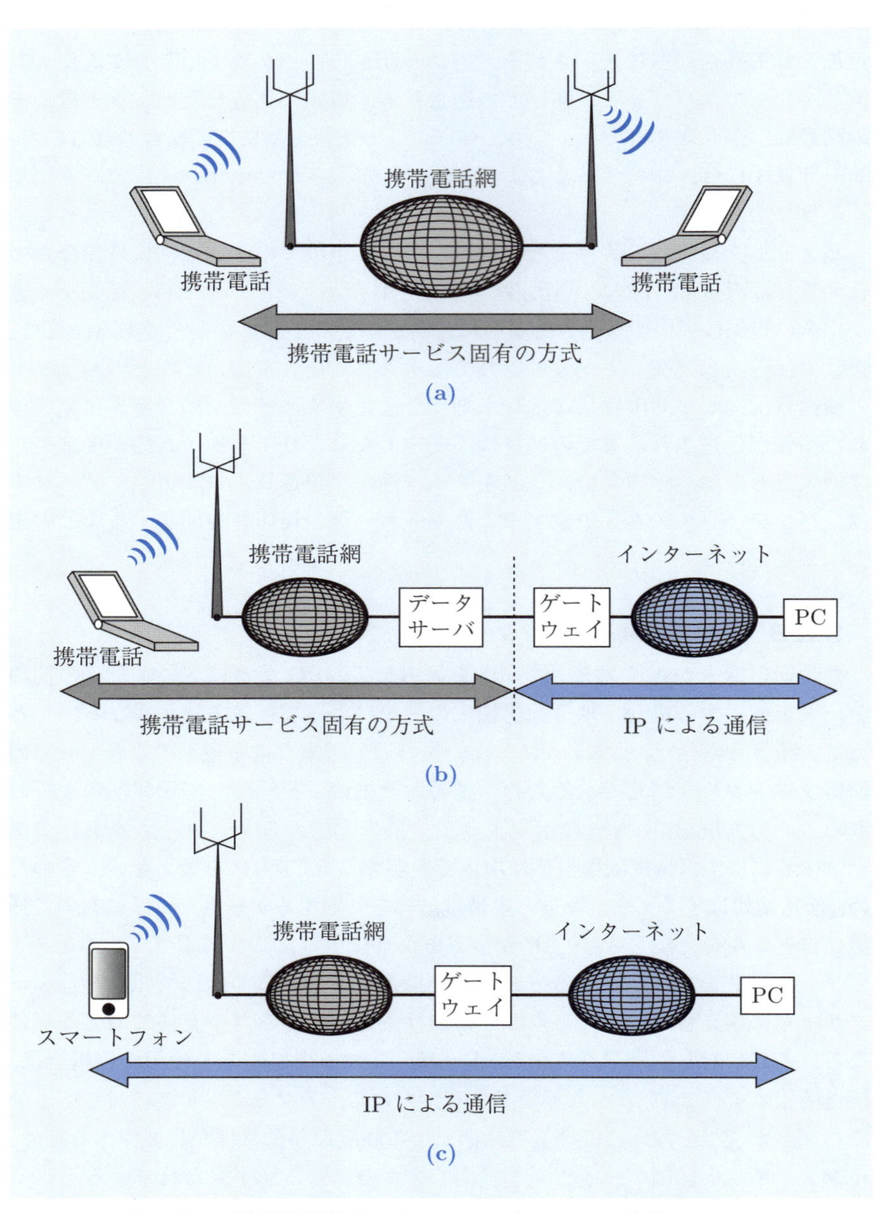

図3.14　移動通信端末からインターネットへの接続システム

3.3　衛星通信システム

地上に無線通信装置を敷設し，中継，交換を行う場合，ユーザの分布に合わせて綿密な通信ネットワークを構築することができる利点がある．しかし，一方で，ユーザの増大に合わせて通信ネットワークを拡張する必要があり，通信距離の増大に対し，長距離回線の敷設に大きなコストがかかる．また，大規模な地震などの自然災害によって，回線の一部が被災すれば，末端では膨大なエリアに通信障害が及ぶことが懸念される．

一方，基地局からの電波を非常に高い位置に設置された中継機から地上に降り注ぐことができれば，極めて広い通信サービスエリアを構成することができる．また，地上の 2 次元的な通信ネットワークと異なり，点から点への通信回線設定なので，途中での障害に影響を受けにくい，また障害を受けたとしても，その影響範囲は限定的となる．この発想の元に，宇宙空間に人工衛星を浮かべ，これを無線通信回線の中継機として利用するシステムが**衛星通信システム**である．以下に，現在使われているいくつかの衛星通信システムとサービス事例を紹介する．

3.3.1　静止衛星システム

図3.15 (a) に示すように，地上の無線通信機からマイクロ波，あるいはミリ波を打ち上げた場合，これらの非常に波長の短い電波は直進性が非常に高い．そのため，上空にある酸素や窒素ガスの分子や原子が，紫外線や X 線などにより電離することでできたガス状帯電物質による電離層を突破してしまう．このとき，地球上の高山脈などによる遮へいの影響を受けない高高度で，さらに地上から見た相対位置が安定しているポイントに人工衛星を投入し，電波を安定的に中継・再送出してくれれば，大陸や大洋を越えた広い通信サービスエリアを構成することができる．

地球の赤道上，高度約 36,000 km の円軌道に人工衛星を投入した場合，地球の自転の周期と同じ周期で公転することになる．そのため，地上から観測される人工衛星は空のある一点に静止しているかのように見える．このため，このような衛星軌道は**静止軌道**（**GSO**：GeoStationary Orbit）と呼ばれる．図3.15 (b) に示すように静止衛星の通信サービスエリアは理論上，衛星 1 つで地球の $\frac{1}{3}$ をカバーできるので，120° 間隔で衛星を投入，周回させれば，安定的に地球全域を通信サービスエリアとすることが可能となる．

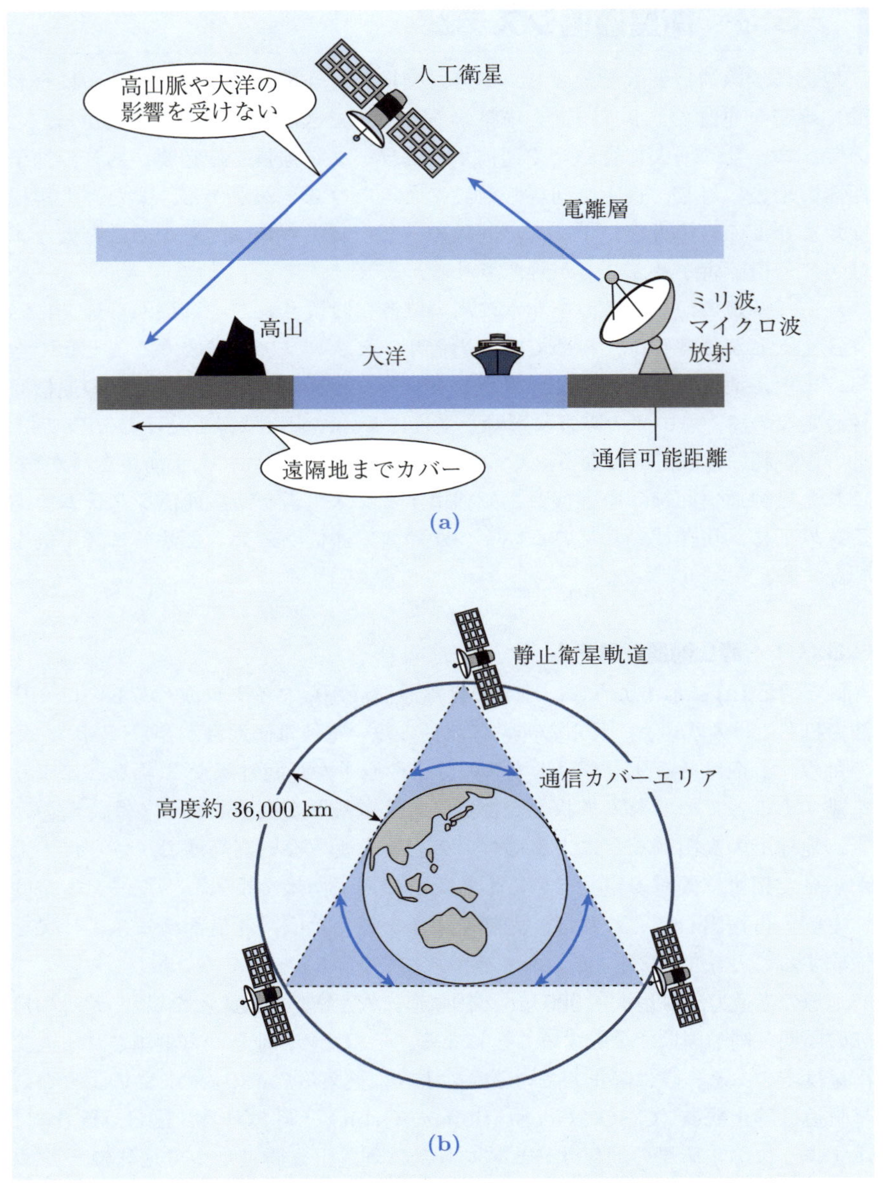

図3.15　静止衛星通信システム

実際の静止衛星は，地球の重力場が一様ではなく，また人工衛星の形状が自然衛星のような球体でなく，太陽の輻射圧や月の引力の影響を受けるため，人工衛星の位置は徐々に静止軌道から逸脱してゆく．それを補正するために静止衛星は定期的に軌道維持をする必要がある．これは，衛星に内蔵された比較的小型のロケットエンジンで行われる．この小型軌道変換用ロケットエンジンは**アポジキックモータ**と呼ばれ，衛星の実際の寿命はおおむねこのアポジキックモータ用燃料の搭載量で決まる．寿命末期には静止軌道からさらに高度が高い墓場軌道に上昇させて廃棄し，軌道を空けることが国際条約により定められている．

この静止軌道は極めて利便性の高いポイントであるため，人工衛星の過密地帯になっている．このため，各国が勝手に静止衛星を投入することはできず，衛星の投入軌道割り当てに関しては**国際電気通信連合無線通信部門**（**ITU-R**）が調整を行うことになっている．2つの国が同一経度に静止衛星を投入した場合，最初にITU-Rに通報した国の衛星が優先される．通信衛星の場合，電波干渉の問題が調整できれば，同一軌道にて複数国の衛星が運用されることもあり得る．

3.3.2　周回衛星システム

周回衛星とは，一般に静止衛星軌道より低軌道で，地球の自転周期と一致せずに地球を周回する人工衛星を利用する通信システムである．静止衛星は約24時間の軌道周期を取るが，周回衛星の軌道周期は，1～12時間程度で周回している．このため地上から位置を観測した場合，通信サービスエリアは逐次移動することになり，静止衛星より多数の人工衛星を投入してサービスエリアを確保する必要がある．また，高度が数百kmから20,000km程度であり，その分大気の影響を受けやすく，頻繁な軌道修正が必要なため衛星寿命が3～5年程度と短い．

周回衛星システムは投入軌道の高度によって図3.16に示すように，おおむね次の4種類に大別される．

(1)　低軌道周回衛星　**低軌道周回衛星**（Low Earth Orbit satellite）は高度が1,500km以下の軌道上にあって，地球の自転周期とは無関係に回る人工衛星である．静止衛星や後に述べる高度10,000km前後の軌道上にある中軌道周回衛星と対比される．

静止衛星や中軌道周回衛星に比べてカバーする通信エリアが狭く，仮に地球全域をカバーするには40個以上の衛星が必要となる．しかし，地上に近い軌道を取るため伝送遅延が小さく，端末の送信電力も小さくてすむ．そのため特に

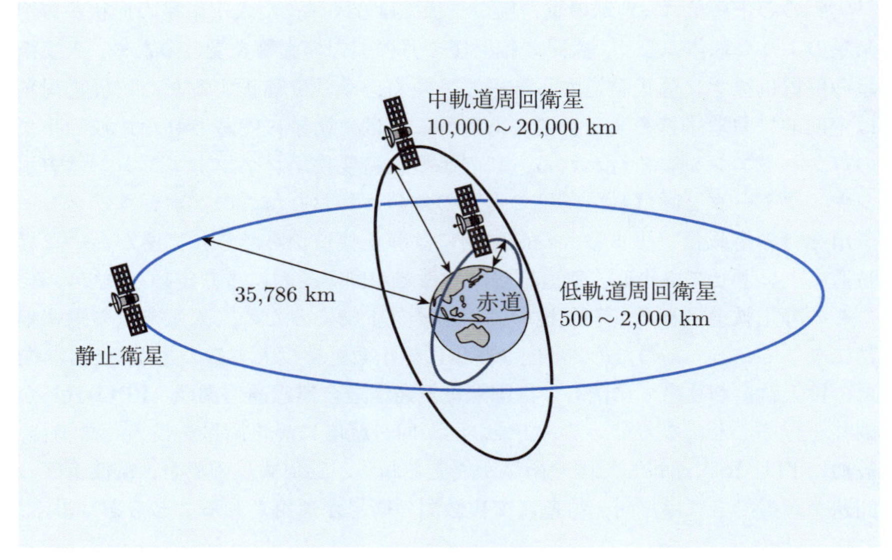

図3.16 周回衛星通信システム

通信端末が小型化できる利点を持つ．

これまでに，低軌道周回衛星を利用した全世界規模の通信システムは2つあった．1つがイリジウム社（米）のイリジウム計画で，もう1つはグローバルスターLP社（米）のグローバルスター計画である．前者は高度780 kmの高度に66個（+予備7個）の周回衛星を打ち上げ，地球全域をカバーしようとしたものである．後者は高度1,410 kmに48個（+予備8個）の周回衛星を打ち上げ，南北とも経度70度までをカバーする計画であった．

両システムとも低軌道周回衛星を利用することでは同じであるが，イリジウム計画は人工衛星同士の通信も可能であり，地球全域のどこでも発着信ができる特徴を持つ．一方，グローバルスター計画は，人工衛星が地上からの電波を単純に増幅して送り返すリピータ機能だけを有していた．このため，端末からの電波は衛星から最寄りの中継局に送られ，地上のネットワーク経由で相手先につながる．近くに中継局がない場合には，衛星のカバーエリア内であっても発着信ができないことがあり得る．

人工衛星を用いた通信ネットワークとして，イリジウム計画は本格的なものであり米国のモトローラ社が打ちだした野心的な衛星通信プロジェクトである．当初は77基の衛星を使う計画だったため，その名称は原子番号77の元素であるイリジウム（Ir）にちなんで名付けられた．イリジウム計画は，66 基の通信衛星と，15 箇所程度に地球設置通信機器を設置して，地球上のどこからでも，いつでも，そして誰とでも，音声やファクシミリ，データなどのやり取りを可能にしようとするものである．アクセス制御方式には FDMA/TDMA を用いており．周波数帯域は，ユーザ端末と通信衛星間では L バンド（0.5 〜1.5 GHz），衛星相互間に Ka バンド（27〜40 GHz）を使用するシステムとなっている．

(2)　中軌道周回衛星　**中軌道周回衛星**（Medium Earth Orbit satellite）は高度 10,000 km 前後の軌道上にあって，地球の自転周期とは同期しない人工衛星を用いたシステムである．そのため，通信サービスエリアはやはり移動する．地上 36,000 km にある静止衛星や，高度が 1,500 km 以下の軌道上にある低軌道周回衛星と対比される．

中軌道周回衛星がカバーするエリアは静止衛星よりも狭いが，低軌道周回衛星よりは広く，地球全域をカバーするために必要な衛星数は 10〜16 基となり，低軌道周回衛星よりはるかに少なくて済む．このため，衛星通信サービスを最も低コストで提供する方法として，中軌道周回衛星システムの開発が行われている．

(3)　準同期軌道衛星　**準同期軌道衛星**（Semi-geo-synchronous Orbit satellite）は高度 20,000 km 前後の軌道上にあって，地球自転の半分の周期を持つ人工衛星を用いたシステムである．この衛星システムは，特定の方式に基づいて多数個の人工衛星を協調・連動させる衛星コンステレーションとして利用される．代表的なシステムは **GPS**（Global Positioning System）であり，各 GPS 衛星は高度 20,200 km の準同期軌道上にある．各衛星は図 3.17 に示すように，地球の周囲を 60° おきに分割した 6 種類の軌道面上に 4 個が配置された計 24 基を基本とする衛星コンステレーションを形成する．2014 年 12 月の段階で運用数は 32 基であり，衛星が増えることで測定精度が向上する．7 基は基本となる衛星コンステレーション以外の軌道上にあり，これにより仮に複数の衛星が故障しても運用に支障がない信頼性と有用性を確保している．これらの軌道配置によって地上のどこからでも遮へい物がなければ同時に 6 基以上の衛星を捕らえることができるようになっている．

各 GPS 衛星は，内部に搭載されている高精度の原子時計による情報と，約 6 日ごとに更新される他の GPS 衛星の軌道情報，および約 90 分ごとに更新される自身の軌道情報を 18 秒間の信号に載せて 30 秒周期で 1.2 GHz/1.5 GHz 帯の電波で送信している．

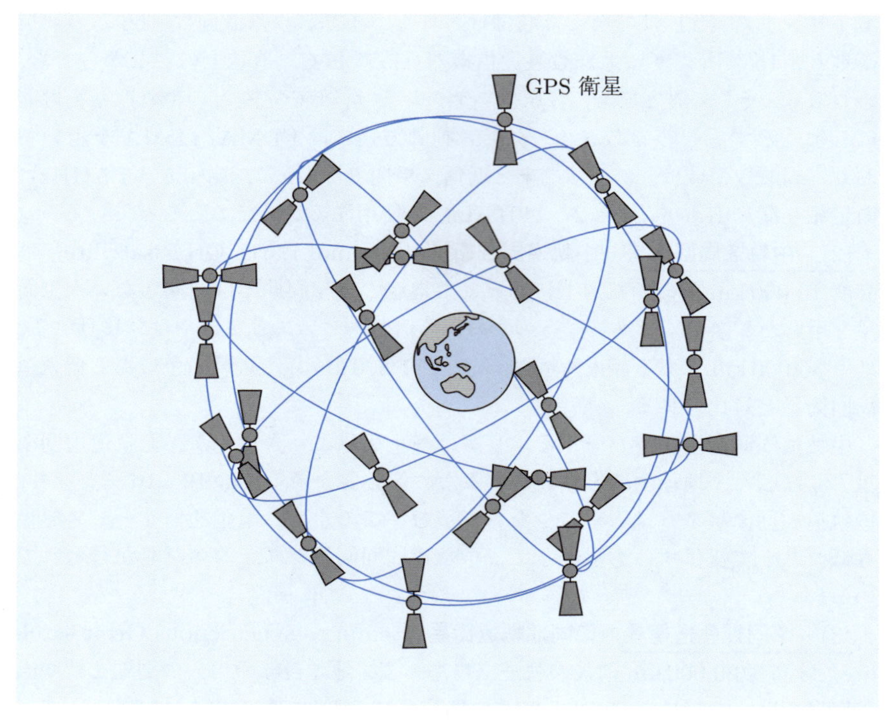

図3.17　準同期軌道衛星システム（**GPS** の例）

ユーザの GPS 端末は複数の GPS 衛星からの電波を受信してそれぞれとの距離を割り出すことにより，現在位置を測定することができる．3つの衛星が見えるところでは緯度と経度を，4つの衛星が見えるところではこれに加えて高度を割り出すことができる．そのプロセスを簡単に説明すると以下のようになる．

(1)　ユーザ端末が1つの GPS 衛星からの電波を受信できたとすると，衛星の位置情報と時間情報，さらに，ユーザ端末の持つ時間情報から，GPS 衛星からユーザ端末までの正確な距離「R」が判明する．この段階で，ユーザ端末は図3.18 (a) に示すように1つ目の衛星を中心とする半径 R の球面上に存在することになる．

(2)　2つ目の GPS 衛星からの電波を受信できれば，図3.18 (b) に示すように，ユーザ端末はそれぞれの衛星を中心とする2つの球面の交線上，すなわち円周上のいずれかに存在することになる．

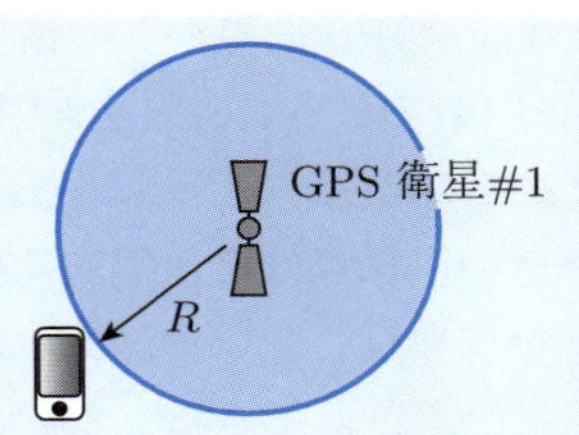

ユーザ端末の位置候補は GPS 衛星#1 から半径「R」の球面上

(a)

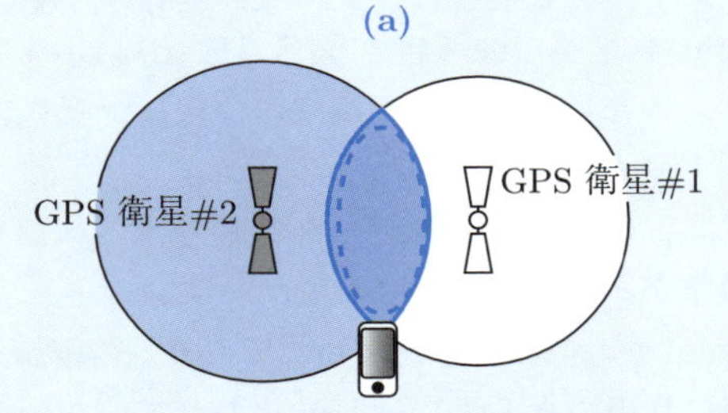

ユーザ端末の位置候補は GPS 衛星#1 と#2 のエリアの交線の円周上

(b)

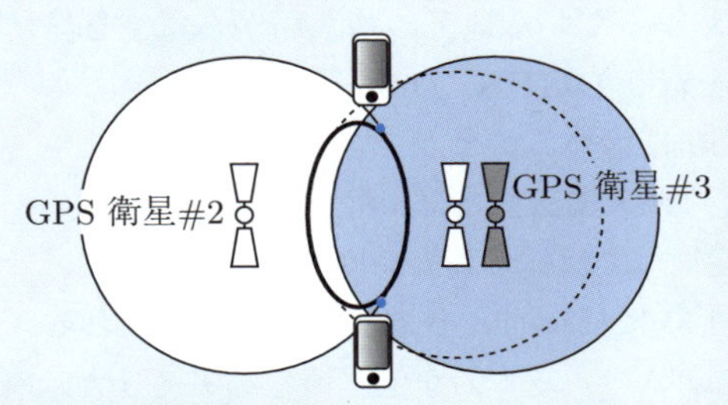

ユーザ端末の位置候補は(b)の円周と GPS 衛星#3 のエリアの交点 2 点のいずれか

(c)

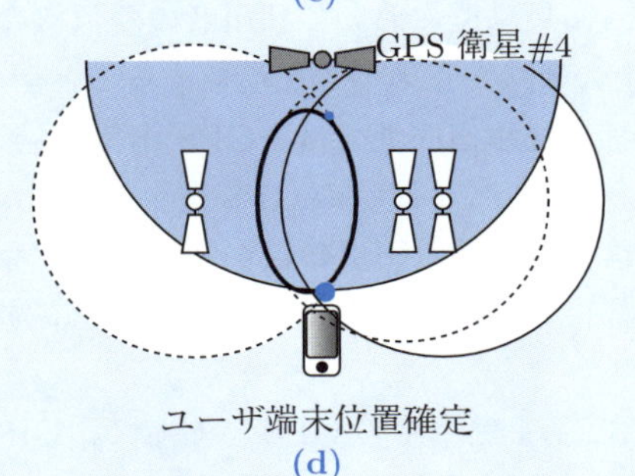

ユーザ端末位置確定

(d)

図3.18 **GPS** システムによる測位手順

(3)　ここに，3つ目のGPS衛星からの情報が加算されれば，ユーザ端末の位置候補は図3.18 (c)のように，先述の円周と，第3の衛星を中心とする球面の交点として，2点に絞られる．この段階で，地球が凹凸のない滑らかな球面であれば，地球上の座標点は幾何学的に推定可能なので，ここから逸脱している，つまり地中に埋没している，あるいは宇宙空間に突出している点はユーザ端末位置候補から削除できる．このため，ユーザ端末位置の緯度と経度は推定可能となる．

(4)　最後に，第4の衛星からの情報で図3.18 (d)に示すように，紙面の上下方向の情報が与えられれば，ユーザ端末の位置は一意に求められることになる．

衛星の発信する電波に含まれる時刻データは暗号化されたものと暗号化されていないものの2種類があり，暗号化されたデータは米軍しか利用することができない．誤差は数cmから数十cmといわれており，精密誘導兵器などに利用されている．民生用に利用できるものは暗号化されていないデータで，故意に精度が落とされているため誤差は10m程度となる．誤差をより小さくするため，正確な位置のわかっている地上の基準局から電波を発信し，これを利用して位置情報の補正を行う**DGPS**（Differential GPS）という技術が実用化されており，誤差を数mに縮めることができる．

(4)　準天頂衛星　**準天頂衛星**とは，静止衛星が赤道上の一地点に静止して見えるものの，高緯度地域では信号到来角度が低くなってしまう難点を解消するため，特定の地域の上空に長時間とどまる軌道に投入される人工衛星である．先に述べたGPSシステムは，基本的な位置情報をアメリカ政府に依存している状態である．このため各国で，それぞれ独自の衛星利用位置測位システムを確立する動きが出ている．衛星測位において利用者の受信機の正確な位置を測定するためには，4機以上の衛星からの信号を受信することが必要である．しかし，高層ビルが立ち並ぶ都市部や山間地では，GPS衛星を見込む角度が低い場合，衛星信号を受信するのが難しく，現状のGPS衛星のみでは衛星の見通しが遮られ，ユーザ端末が受信可能となる衛星の数が3機以下となり位置測定が不可能となる．これは，大都市への人口集中と複雑な山岳を有する日本では特に懸念される．

一方，もしも現在32基を運用中のGPSに対して，GPS衛星もしくはGPS互換衛星を10基程度追加できれば，ユーザ端末が受信可能なGPS衛星数が3基のみという状況は，常に4基受信可能の状態に改善されることになり（1機が追加される），位置測定が可能となる．

日本の準天頂衛星システムでは，4基受信可能の状態を実現するために，準天頂衛星を3機以上用意し，日本の真上（天頂）を通る軌道から信号を送信する．これにより，高層建築物や山脈の影響を受けない高到来角度で衛星電波を受信できるようにするシステムである．実際の軌道は図3.19に示すように上下非対称の8の字（numeral-“8”-shaped）軌道をとるもので，東京では常に70° 以上の高到来角度で1機以上の準天頂衛星からの電波を受信可能にすることができる．

日本の準天頂衛星システムの1号機「みちびき」は，2010年9月11日，H-IIAロケット18号機によって打ち上げられた．準天頂軌道に投入された「みちびき」は，3ヶ月間の初期機能確認の後，技術実証実験，利用実証実験が行われた．「みちびき」からの信号はGPS専用受信機では受信することはできないが，ソフトウェアなどの改修によりGPSとの併用受信が可能となる．「みちびき」1基では，日本上空の滞在時間が最大8時間程度しか得られない．しかし，2018年頃までに，さらに3基が追加され4基での本格運用が開始されると，準天頂衛星の滞空時間は24時間となる．また，最大で位置測定誤差が数cm程度にまで向上させることが可能となり，地上の様々な移動機器を衛星からの情報で安全に制御することも可能となる．

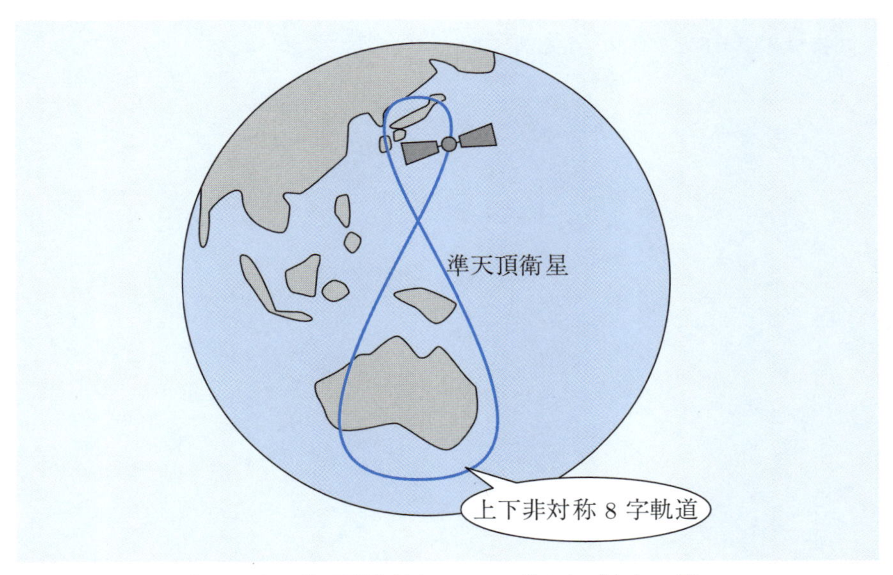

図3.19　準天頂衛星システム（「みちびき」の例）

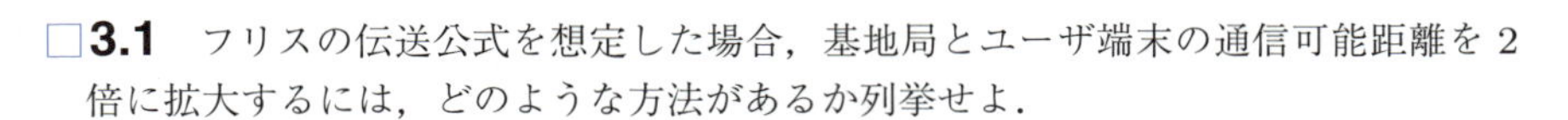

3章の問題

□**3.1**　フリスの伝送公式を想定した場合，基地局とユーザ端末の通信可能距離を2倍に拡大するには，どのような方法があるか列挙せよ．

□**3.2**　ディジタル変調を行う搬送波の周波数が高い場合，情報伝送を行う上でどのようなメリットがあるか述べよ．また，搬送波の周波数が低い場合どのようなメリットがあるか述べよ．

□**3.3**　衛星通信システムに用いられる搬送波は，一般的な地上にのみ基地局を持つ移動体通信システムに使用される搬送波の周波数より高い．その主な理由は何か調べよ．

□**3.4**　一般的な携帯通信システムでは，基地局から放射される電波の電界方向が常に大地に対して垂直となる垂直偏波が使用されている．一方，GPS に代表される衛星通信システムでは，衛星の放射する電波は電界方向が常に回転する円偏波が使用されている．衛星通信システムが円偏波を使用する理由を調べよ．

□**3.5**　低軌道周回衛星システムに対し，近年では，無人飛行船に中継アンテナを搭載して上空に浮かべることで長距離ネットワークを構築する試みが始まっている．このような大気中に中継アンテナを浮かべる構想が，低軌道周回衛星システムに対して持つメリットとデメリットを調べよ．

第4章

TCP/IP

本章以降の学習目的は，情報ネットワークの構成とその動作概要について知ること，およびトラヒック理論やネットワークの信頼性などのネットワークに関連した評価分析法の基礎を身につけることにある．本章では，まず現在の情報ネットワークの代表例として，インターネットの構成とその動作概要（TCP/IP）について説明する．読者には，次章で学習するネットワークの評価分析法を理解する上での導入部分として，インターネット（大規模情報ネットワーク）がどのように実現されているか，そのイメージを深めてもらいたい．

4.1 インターネット（大規模情報ネットワーク）のイメージ

道路交通ネットワークやサプライチェーンネットワーク（物流ネットワーク）など，我々はネットワークという用語を日常的に用いている．これらのネットワークにおいて移動するもの（または運搬されるもの）は車や商品であるが，情報ネットワークでは，広義の意味でのコンピュータを基本構成要素として情報がやり取りされる．

4.1.1 情報ネットワークの分類

情報ネットワークをカバーエリア（地理的範囲）の観点から分類すると

- **WAN**（Wide Area Network）
- **MAN**（Metropolitan Area Network）
- **LAN** （Local Area Network）

の3つに分類することができる．ここで，WAN や MAN は電気通信事業社が提供する設備やサービスを利用するのが一般的である．それに対して，LAN は情報ネットワークを必要とする組織が自前で構築することになる．

データの伝達時間やその制御に要する時間は，ネットワークの地理的範囲に大きく依存する．そのため，WAN, MAN, LAN の種別によって適したネットワークアーキテクチャおよびプロトコルは異なってくる．制御の観点からは，情報ネットワークは次の2種類に分類される．

- **集中管理型ネットワーク**（centralized network）
- **分散管理型ネットワーク**（distributed network）

集中管理型ネットワークでは，ネットワーク制御は1箇所で行われる．**ハブ**（Hub：**集線装置**）を用いた LAN はこの代表例である．これに対して，分散管理型ネットワークでは，マスタ–スレーブの関係は存在せず，制御は各端末局で実行される．大規模情報ネットワークでは，その多くで，基幹ネットワーク制御には分散管理型，支線ネットワーク制御には集中管理型が採用されている．

加えて，使用チャネル（伝送路）の観点からは，次の2種類に分類することができる．

- **ポイントツーポイントチャネルネットワーク**（point-to-point channel network）
- **ブロードキャストチャネルネットワーク**（broadcast channel network）

ポイントツーポイントチャネルネットワークは，1 対の送信機と受信機が通信を行う通常の通信回線により構築されたネットワークであり，固定電話などの既存の有線 WAN はこれに当たる．この種のネットワークでは，特に適切なネットワークトポロジを決める上で，ネットワークに関連した評価分析法を理解する必要がある．次章で，その基礎を身につけてもらいたい．一方，ブロードキャストチャネルネットワークは，1 つの端末（局）が送出した信号を他のすべての端末が受信するようなネットワークであり，LAN はこのカテゴリに入る．

4.1.2 インターネット

インターネットは，ポール バレンが核攻撃後においても支障なく反撃部隊が出撃できる体制を研究するように米空軍から委託されたことに端を発する．現在のインターネットで採用されている**パケット交換方式**は，この研究の中で考案されている．これは，送信したい全情報（アプリケーションデータ）をパケットという単位に分割し，それぞれに宛先情報などを付加して送信する方式である．この方式には

- 送信に失敗したパケットのみを再送信すればよい．
- 特定の通信で回線を占有しなくてよい．

などの利点がある．

インターネットという用語は，inter-network に由来する．文字通り，ネットワークの相互接続を意味する．インターネットにアクセスすれば，それに接続された端末間で各種データの交換を容易に行うことができる．しかし，その最小単位はネットワークなのである．インターネットが普及する以前から，大学や研究所などの組織では，コンピュータネットワークが構築されていた．インターネットはこれらのネットワークが相互接続された世界規模の情報ネットワークである．図4.1 はインターネットの概念図である．ここで，図中の **IX**（Internet eXchange）は，インターネットサービスプロバイダ間のデータ交換を行う設備である．

インターネットは，多数のインターネットサービスプロバイダで構成されるポイントツーポイントチャネルを用いた分散管理型 WAN である（図4.1）．これに対し，LAN（Ethernet LAN および Wi-Fi などの無線 LAN）は，ブロードキャストチャネルの集中管理型ネットワークである．

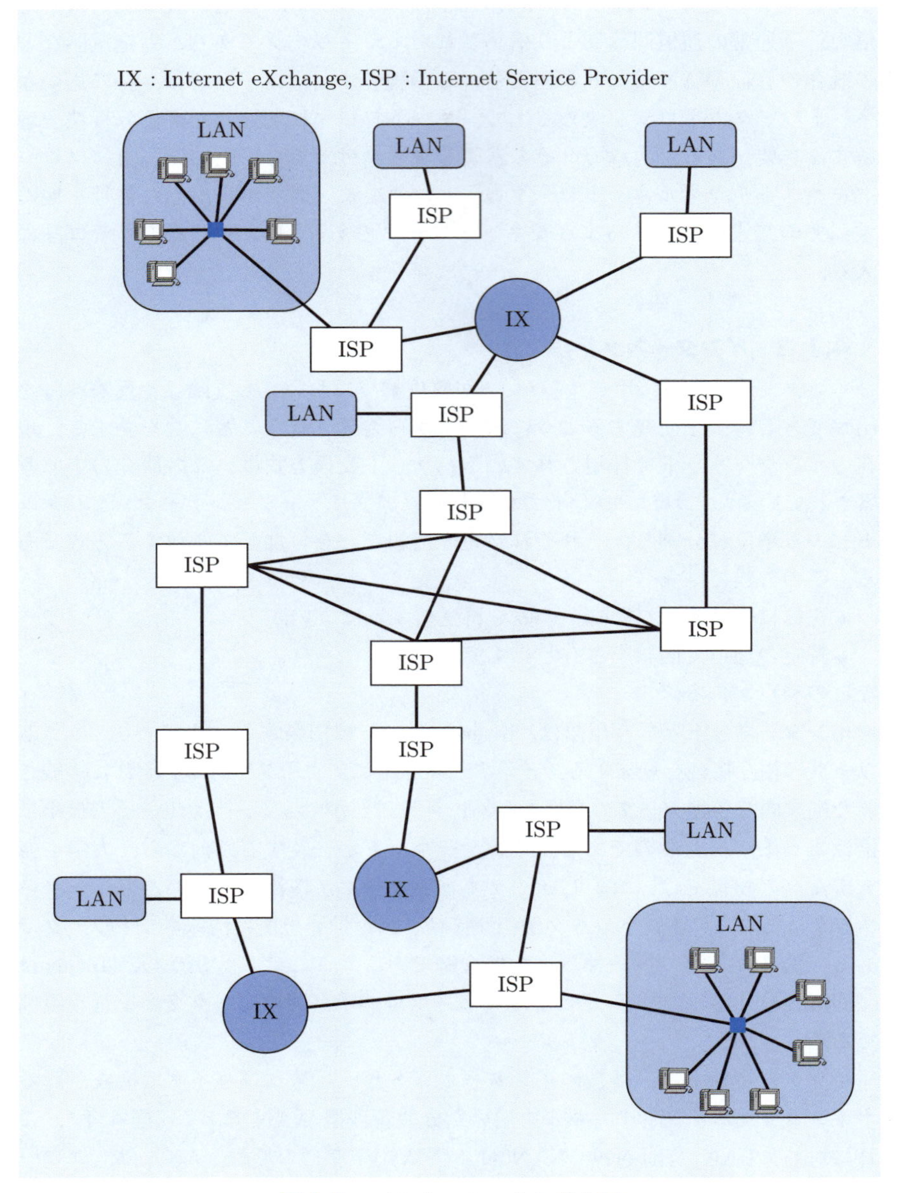

図4.1 インターネットの概念図

4.2　大規模システムの設計における階層化の考え方

現在，実運用されている大規模システムは，複数個の部分に分割して開発された機能単位モジュールを，最終目的の達成のために（垂直または平行）統合することによって構築された分割統合型のシステムになっている．また，このような分割統合の設計概念に基づいて構築された大規模システムの多くで，機能単位モジュールは階層的に統合されている．本テキストでは，特に階層的に統合されているシステムを**階層統合型システム**と呼ぶことにする．階層統合型システムでは，一般に，上位層のタスクは下位層から提供されるサービスを用いて実行される．そして，このような層間構造のもと，最上位層において最終目的が達成される（図4.2）．

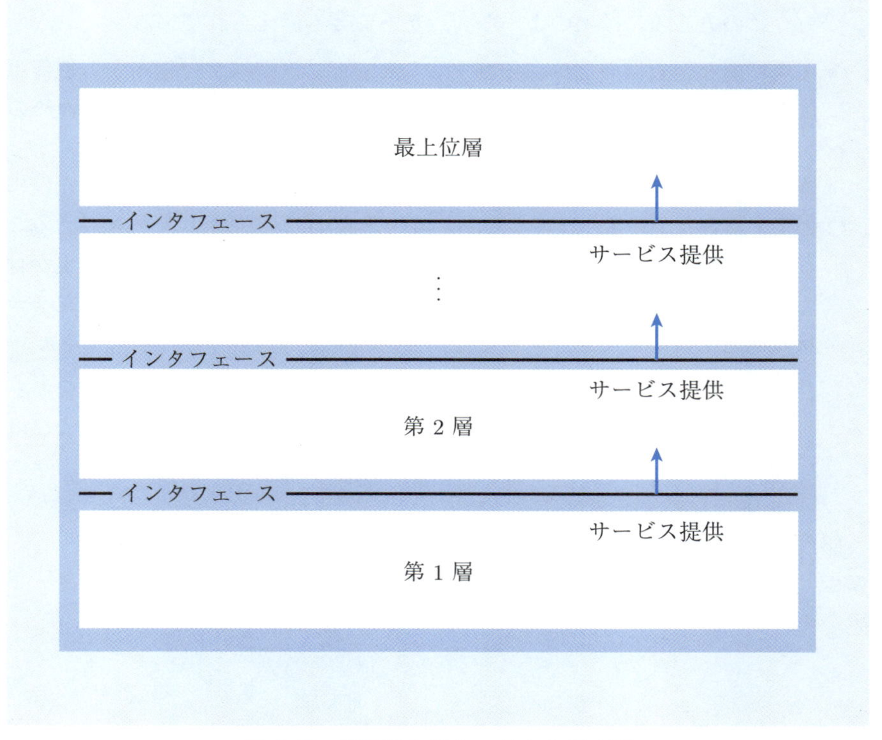

図4.2　階層統合型システムの概念図

部分モジュールを階層的に統合するというシステム構築法は，最新のシステム論の観点からは物足りない側面もある．しかし，現時点においては，システムを構成する要素間の自律分散的な相互作用の結果として，システム全体が効果的に動作するといったような**複雑系**（Complex Systems）の概念に基づく構成論的な方法論で構築された大規模システムはない．読者の中には将来，情報ネットワークに関する先進的な設計制御法の研究をしたいと考えている人もいるだろう．構成論的なアプローチ法によるシステム構築法，さらに生物や生態系に関する種々のネットワーク構造やその生成メカニズムについて学んでいる読者にとっては，少々時代遅れのシステムに映るかもしれない．また，システムの構築および運用に関わるコスト，並びにシステムの柔軟性の観点からは，階層統合型システムは必ずしも最適なシステムではない．しかし，今日まで我々は，機能単位モジュールを階層的に統合するという方法論でインターネットなどの大規模なシステムを構築/運用してきている．

一方，この方法論には次のような利点があるとも考えられている．

- 実現可能な複数個の部分に分割することで，エンジニアは担当する機能単位モジュールの開発に専念できるため，目的（タスク）を達成するためのシステム全体の実現が容易になる．
- 機能の更新や拡張，さらに実装方法自体の変更による影響を当該層だけに限定することができる．すなわち，エンジニアは，他の層に影響を与えることなく（他の層を考慮することなく），担当層の機能や実装方法の変更が行える．よって，モジュールとしての保守性が高まるだけでなく，モジュールの機能改善によるシステム全体の性能向上を加速させることができる．

現在，世界規模の情報ネットワークであるインターネットは，階層統合型システムとして構築/運用されている．よって，その動作概要を理解するためには

(1) 層の構成

(2) 各層が提供するサービス

(3) サービスを実現するためのプロトコル

について学ばなければならない．次節では，まず，これらネットワークアーキテクチャについて概説する．

4.3 OSIとインターネット関連プロトコル

我々が最初に知ることとなったネットワークアーキテクチャは，米国IBM社が考案した**SNA**（Systems Network Architecture）である（1974年）．しかし，これはIBM製品にしか対応しておらず，開放性を有していなかったため，**オープンネットワーク**という概念が注目され，その必要性が声高に叫ばれるようになった．

そこで，**国際標準化機構**（**ISO**：International Organization for Standardization）が中心となり，異なる情報処理システム間を相互接続して情報交換やデータ処理を可能にする**開放型システム間相互接続に関する基本参照モデル**（OSI参照モデル：Open Systems Interconnection Basic Reference Model）を標準化した．本章でその概要を学習する**インターネットプロトコルスイート**（Internet Protocol Suite）は，オープンネットワークの概念に基づくもう1つの異機種間相互接続アーキテクチャである．

4.3.1 OSI参照モデル

OSIでは，全部で7つの**層**（layer）が定義されている（図4.3）．この7階層によるモデル構成は**OSI参照モデル**と呼ばれる．また，このような階層構造を**プロトコルスタック**（protocol stack）と呼ぶ．なお，この参照モデルは**コネクション**という通信（相互接続）に関するプロトコル群（下位の4層）と**アプリケーション**というユーザのコンピュータ内で動作するソフトウェアに関するプロトコル群（上位の3層）とに分けて論じることができる．

階層統合型であるこのモデルの特徴は

- 下位層が（1つ上の）上位層に対して責任を持って必要なサービスを提供する．
- 隣接する両層間でインタフェースを提供し合う．

という条件さえ満たしていれば，同じ層内の議論だけで自由に標準ルールを決めたり，変更したりすることができるという点にある．

このことを実際の郵便の例で考えてみる．AがBに手紙を送る場合，Aは封筒にBの名前と住所を書き，それに切手を貼って近所の郵便ポストに投函する．ここで，郵便ポストは郵便局が提供するインタフェースである．この手紙は郵便局員によって回収され，いくつかの郵便局（中継拠点）を経由して最終的にBの自宅ポストに届けられる．この自宅ポストもインタフェースである．この

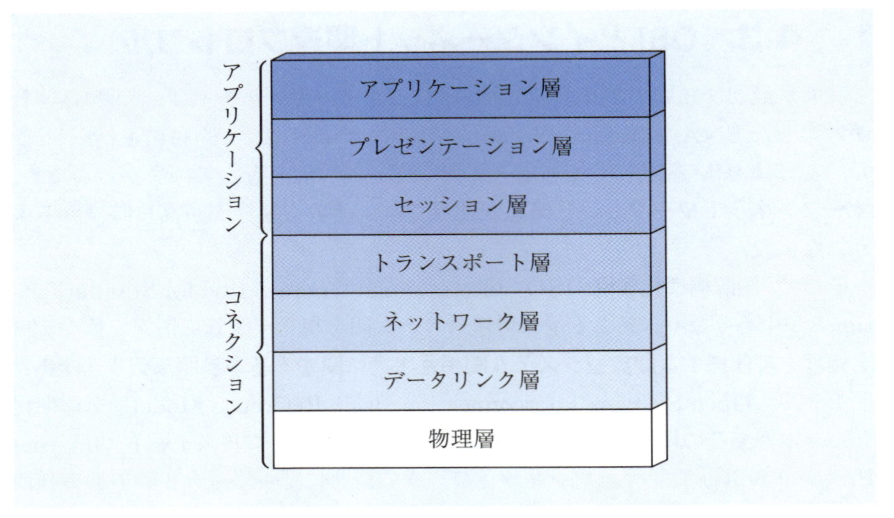

図4.3 **OSI 参照モデルの階層構成**

ようにインタフェースを用意しておけば，A, B は郵便局がどのようなルールで手紙を配達しても構わないし，意識する必要がない．要するに，郵便局の内部では自由にルールを決定できるのである．

4.3.2 下位4層（コネクション）の概要

OSI 参照モデルのうち，読者にとって馴染みのない下位4層について概説する．

(1) 物理層 通信を行うためには通信路が整備されていなければならない．**物理層**では，データ処理には直接関係のない，エンドシステム間（end-to-end）の物理的な接続の開始，維持，終了のための電気的・機械的・手続的・機能的な仕様が規定されている．具体的には，電圧レベルや電圧変化のタイミング，物理データ速度や最大通信距離，コネクタの物理的形状などの特性が規定されている．

(2) データリンク層 **データリンク層**は，隣接端末間の通信（制御）を司る．この層では，複数の直列のビット列を意味のある1つの単位である**フレーム**（データリンクプロトコルデータ単位）にまとめる．フレームの伝送に際しては，下位層である物理層が提供するビットの伝送サービスを利用し，隣接端末間でフレームの送受信が実現される．IEEE802.2, ATM, HDLC, PPP などがこの層の代表的なプロトコルである．

(3) ネットワーク層 **ネットワーク層**の役割は，間に多くのネットワーク機器が介在しているような地理的に大きく離れたエンドシステム間で，効率的なパケット（ネットワーク層のプロトコルデータ単位）転送を実現することにある．そのため，この層ではルーティングに関する多数のプロトコルが規定されている．用いられるアドレスは論理アドレスであり，IPの場合，**IPアドレス**（4.5節参照のこと）が論理アドレスである．IP, IPX, X.25がこの層の代表的なプロトコルである．

(4) トランスポート層 **トランスポート層**では，通信（制御）の実装の詳細を隠して，上位層（アプリケーション）にデータ通信サービスが提供される．特に信頼性の高い通信サービスを提供することがこの層の主な役割である．信頼性の高いサービスを実現するために，コネクションの確立・維持・終了，通信障害の検出と復帰，並びにフロー制御などが実行される．TCI/IPのTCPはこの層のプロトコルである．

4.3.3 インターネットプロトコルスイートの階層構成

次に，異機種間接続のためのもう1つのアーキテクチャであるインターネットプロトコルスイート（通称：TCP/IP）とOSI参照モデルとの対応関係を整理する．図4.4には，インターネットプロトコルスイートのうちでよく用いら

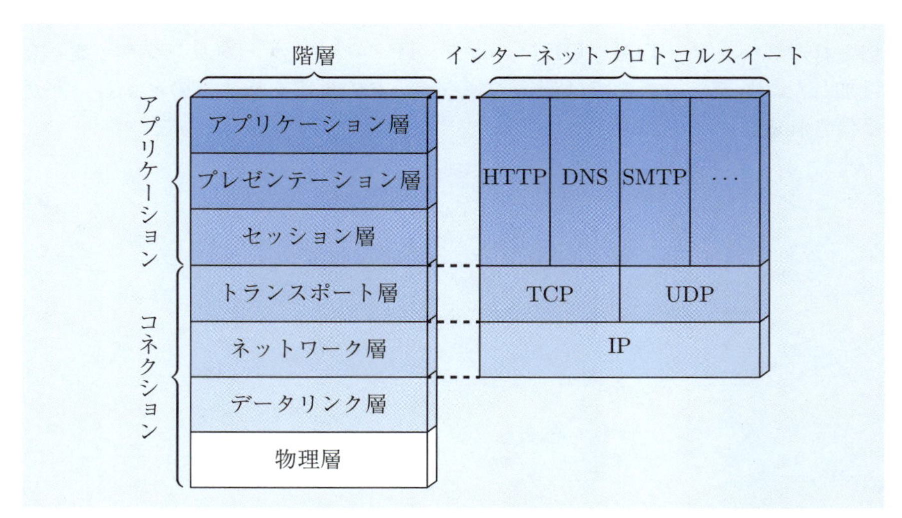

図4.4 OSI参照モデルとインターネットプロトコルスイートの対応関係

れる代表的なプロトコルが，それに対応する（同等の役割を担う）層の横に示してある．ここで，この図には物理層とデータリンク層に対応するプロトコルが示されていない．これは「多数のネットワークが相互接続された世界規模のネットワーク」であるインターネットのプロトコルが，物理的な構成やデータリンク層の特定のプロトコルに依存しない汎用性のあるものであることを示している．

最後に，各層におけるデータの単位（プロトコルデータ単位）を図4.5に示す．このプロトコルデータ単位は

- 各層における制御のための情報（プロトコル制御情報）が格納された**ヘッダ**（header）部
- 当該層より上位層のヘッダ群およびアプリケーションデータからなる**ペイロード**（payload）部

で構成される．ここで，第2層（データリンク層）におけるプロトコルデータ単位は（データリンク）**フレーム**，第3層（ネットワーク層）におけるプロトコルデータ単位は**IPデータグラム**（**IPパケット**），第4層（トランスポート層）におけるプロトコルデータ単位は**TCP/UDPセグメント**と呼ばれる．なお，ペイロード部にヘッダ部を付加することを**カプセル化**（encapsulation）という．

前述したようにインターネットにはパケット交換方式が採用されている．分割されたアプリケーションデータのそれぞれに各層での制御に必要な情報が格納された3ヘッダ（**TCP/UDPヘッダ**，**IPヘッダ**，**データリンクヘッダ**）を付加したユニット（ここでは転送されるデータの単位を指すものとする）が送受信される．

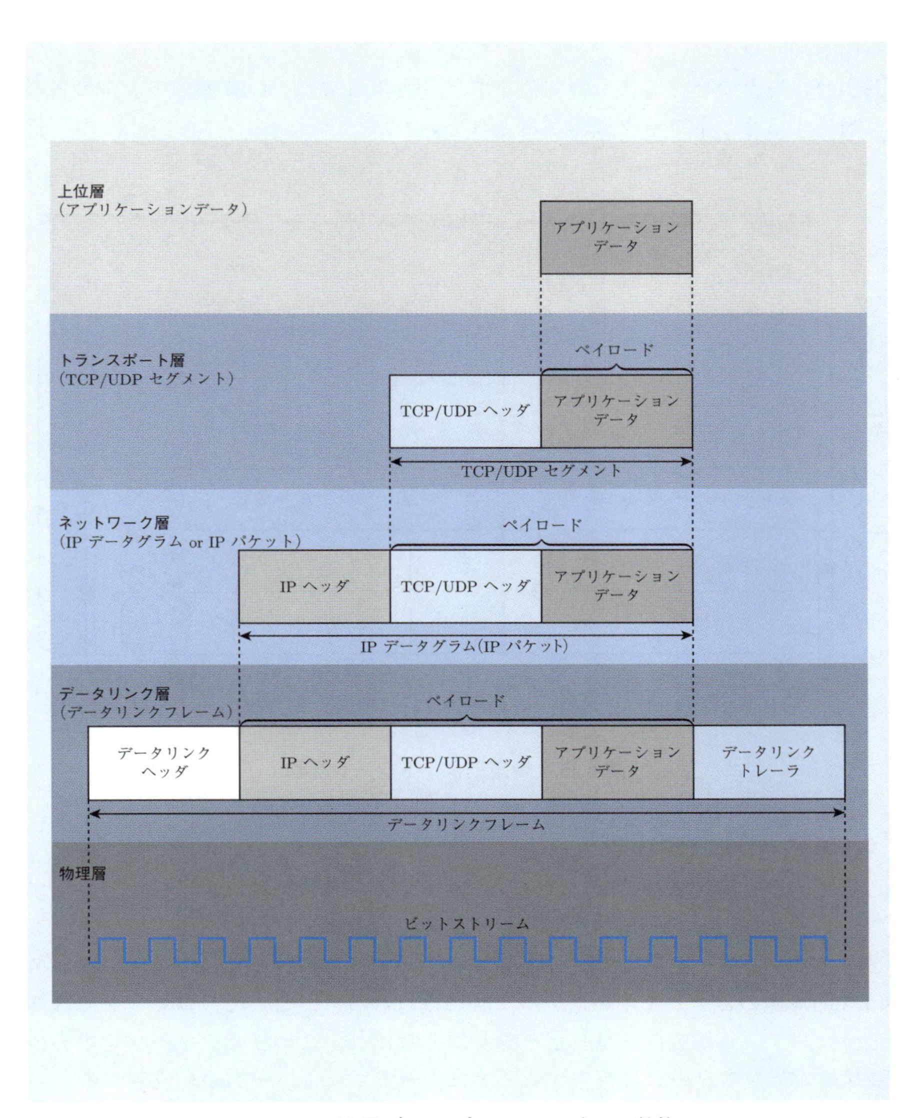

図4.5 階層ごとのプロトコルデータ単位

4.4 階層別ネットワーク機器

階層別ネットワーク機器として，本節ではリピータハブ，スイッチングハブ，およびルータの3機器について紹介する．図4.6には，OSI参照モデルの各層に対応するネットワーク機器が示されている．

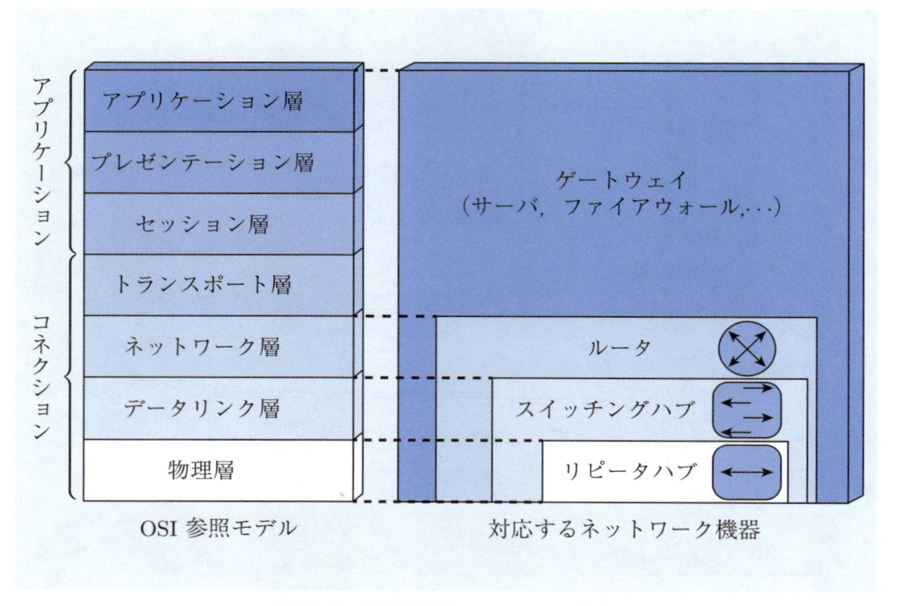

図4.6 階層別ネットワーク機器

4.4.1 リピータハブ

リピータ（**信号増幅装置**）は，OSI参照モデルの最下層（物理層）で動作する．ノイズの影響で劣化した信号を整形して送出するだけであり，データリンク層やネットワーク層で宛先を特定するためのMACアドレスやIPアドレス（4.5節参照のこと）を用いたデータ制御は行わない．ここで，リピータの機能を持つ**ハブ**（集線装置）は**リピータハブ**と呼ばれ，このリピータハブを中心に隣接端末群をスター状に接続することによってネットワークが形成される．

図4.7には，リピータハブを中心にスター状に形成されたネットワークの一例が示されている．図中に示されているようにリピータハブでは，ある1つの**ポート**（ケーブルを接続する部分）で受信したデータ（**ビットストリーム**）

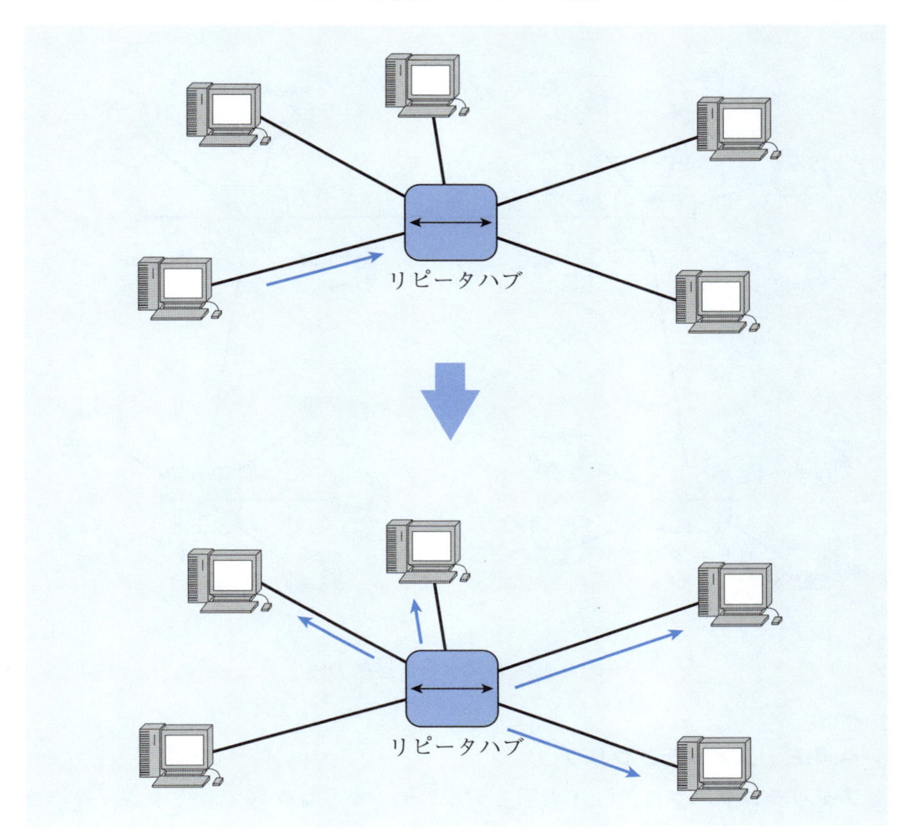

図4.7　リピータハブを中心にスター状に形成されたネットワーク

は残りのすべてのポートから送出される．すべてのポートから送出する動作は**フラッディング**と呼ばれ，同一のデータが共有される領域は**コリジョンドメイン**（**衝突領域**）と呼ばれる．接続端末数の増加によってポートが不足した場合は，リピータハブを**カスケード接続**（複数のハブをツリー状に接続）することによって，その不足に対応する（図4.8）．しかし，このようにネットワークの規模を拡大した場合（リピータハブのカスケード接続によって接続端末数を増やした場合）においても，これに接続された端末群は同一のコリジョンドメインに属することになる．そのため，接続端末数の増加に伴う伝送路使用率の（急激な）上昇が懸念される．

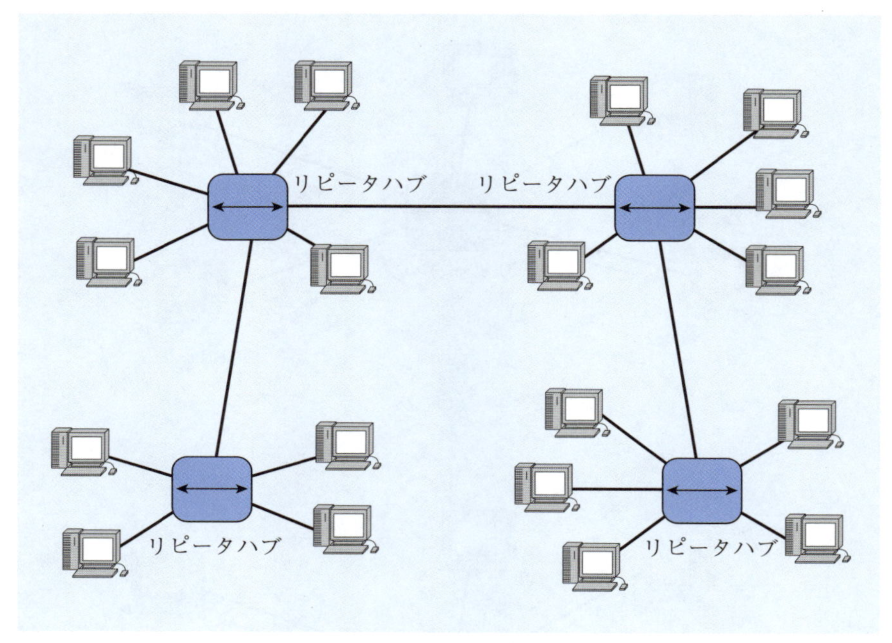

図4.8 カスケード接続の例

4.4.2 スイッチングハブ

スイッチングハブは，OSI参照モデルのデータリンク層で動作する．近年ではスイッチングハブが主流で，リピータハブが使用されることは稀である．スイッチングハブでは，**MAC**（Media Access Control）**アドレス**を用いてネットワーク（LAN）内のフレームの流れが制御される．ここで，このMACアドレスは，**IEEE**（Institute of Electrical and Electronics Engineers）がコンピュータ関連機器の製造業社に重複しないように割り当てたアドレスである．各製造業社は（計算機の）LANインタフェースボードやLANカード製作時にROMにそれを書き込んでいる．物理アドレスとも称される．

以下では，スイッチングハブに5台の端末が接続されているネットワーク（LAN）構成において，端末（A）と端末（E）の間でフレームが送受信される場合を例に，その制御の概要を説明する（図4.9，図4.10）．

まず，運用の初期段階において，端末（A）から端末（E）へフレームが送信の場合について，その送信フレームの流れについて概説する（図4.9）．

(1) 宛先アドレスとして端末（E）の MAC アドレス，送信元アドレスとして端末（A）の MAC アドレスが設定されたフレームが端末（A）から送出される．

(2) このフレームを受信したスイッチングハブはフレーム内の送信元アドレス情報を参照し，ポート 1 に端末（A）が接続されていることを知る（これを学習するという）．ここで，スイッチングハブは同時に宛先アドレス情報も参照しているが，この時点では端末（E）がどのポートの先に存在しているかを知らない．そのため，この受信フレームはポート 1 以外のすべてのポートから送出される（**フラッディング**される）．この際，端末（B），（C），（D）においても端末（E）宛のフレームが受信されることになるが，端末（E）宛のフレームであるために，破棄される．学習段階（運用の初期段階）では，このようにして，端末（E）だけが端末（A）からのフレームを収得することになる．

次に，端末（E）が端末（A）に返信する場合のフレームの流れを確認する（図 4.10）．

(1) 宛先アドレスとして端末（A）の MAC アドレス，送信元アドレスとして端末（E）の MAC アドレスが設定されたフレームが端末（E）から送出される．

(2) このフレームを受信したスイッチングハブはフレーム内のアドレス情報（送信元アドレス/宛先アドレス）を参照し，ポート 5 に端末（E）が接続されていることを学習する．また，この時点ではすでにポート 1 の先に端末（A）が存在していることを知っている（学習済である）ので，この受信フレームはポート 1 のみから送出される．

各端末において，このようなフレームの送受信が繰り返し行われると，スイッチングハブは各ポートの先に存在する端末（群）を知ることができる．これにより生成したアドレス（MAC）テーブルを用いてポイントツーポイントのフレーム伝送を実現できるようになる．しかし，テーブル情報が更新されなければ，端末の交換やネットワーク構成変化などに対応できなくなってしまう．この状況を回避するために，スイッチングハブには学習した MAC アドレス情報を定期的に消去し，再学習を行う機能（**エージング**と呼ばれる機能）が備わっている．

なお，最近では上位層で動作するスイッチングハブ（スイッチ）も登場してきている．たとえば，ネットワーク層のプロトコルを理解できるスイッチを**レイヤ 3 スイッチ**と呼ぶ．同様に**レイヤ 4 スイッチ**や**レイヤ 5 スイッチ**も存在している．

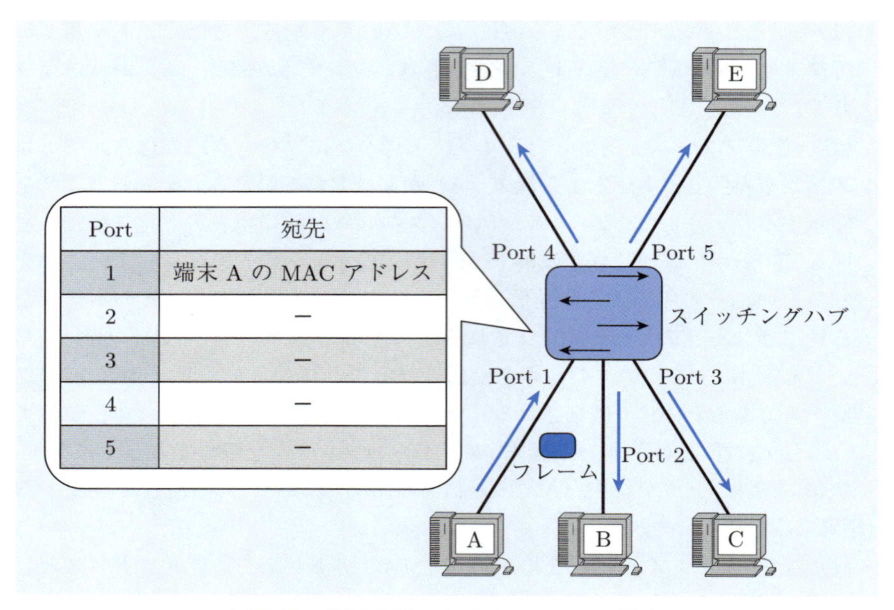

図4.9　学習段階におけるフレームの流れ

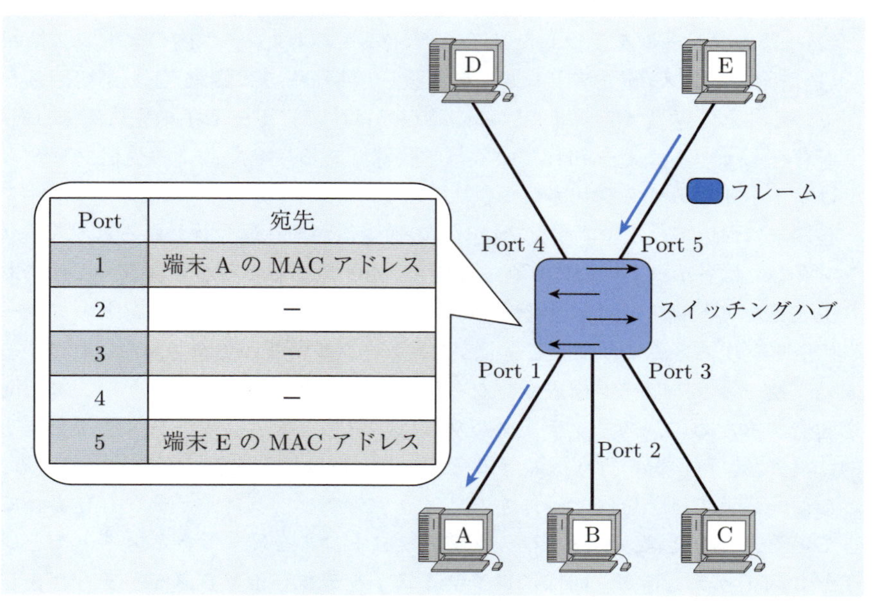

図4.10　学習が進んだ後のフレームの流れ

4.4.3 ル ー タ

ルータは，OSI参照モデルの最下層（物理層）から第3層（ネットワーク層）までの処理を行う．論理アドレス（IPの場合：IPアドレス（ネットワークアドレス））を参照し，効率的なパケット転送を実現する（図4.11）．

ルータにはいろいろな種類があり，また規模によって扱うプロトコルやインタフェースの種類が異なる．ルータは規模別に次のように分類することができる．

- 数千円～数万円のホームルータ
- 数万円～数十万円の小規模事業所向けの小型ルータ
- 数百万円の中規模事業所向けの中型ルータ
- 数千万円のキャリア（通信事業社や回線事業社）向けの大型ルータ

なお，ルータによる効率的なパケット転送・経路選択の仕組み（ルーティング）に関しては，次節でその概要を説明する．

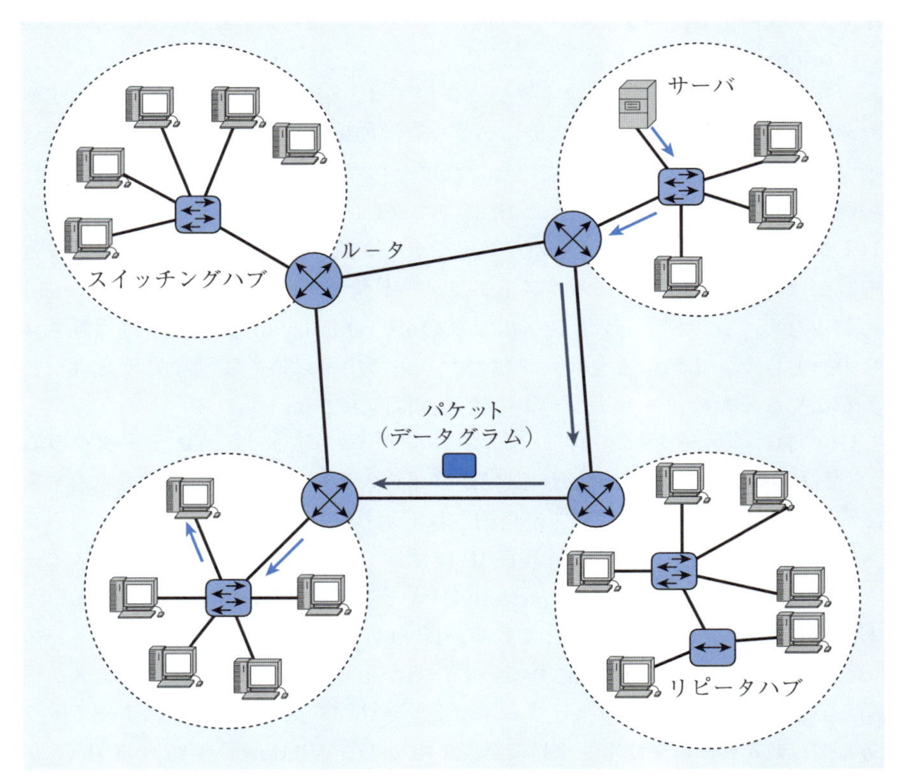

図4.11　ルータによるパケット転送のイメージ

4.5 IP

本節ではインターネット技術の中核であるネットワーク層のプロトコル（**IP**：Internet Protocol）について説明する．まずはネットワーク層における制御情報が格納されているヘッダ部（IP ヘッダ）の構成，論理アドレス（IP アドレス）およびネットワーク規模に対応したクラス分類，ネットワークマスクによる実運用などについて述べる．その後にルーティングに関する基礎的内容について概説する．さらに，IP の機能を補うための ICMP などのネットワーク層プロトコルや物理アドレス（MAC アドレス）と論理アドレス（IP アドレス）の対応関係を明らかにする ARP, RARP についても概説する．

情報通信の形態は

- 信頼性を重視した**コネクション型**（connection-oriented）通信
- それよりもリアルタイム性を重視した**コネクションレス型**（connectionless-oriented）通信

に分類することができる．コネクション型では，信頼性のある通信を実現するために，各端末において各種制御に必要な資源の確保や準備，またそれを維持管理するための機構が導入されていなければならない．TCP/IP において信頼性の確保はエンドシステムが行う．IP はコネクションレス型のネットワーク層プロトコルであり，バッファオーバフローやデータ誤りがあったとしても再送などの制御は行わない．いわゆる**ベストエフォート型サービス**（best effort service）となるため，ネットワーク層レベルでの **QoS**（Quality of Service）は保証されない．しかし，これによりルータはパケットの中継以外の特別な処理を行う必要がなくなるため，ネットワークの透過性は向上する．

IP におけるデータ転送単位（プロトコルデータ単位）は，**IP データグラム**（または **IP パケット**）と呼ばれる．IP データグラムのヘッダ部には宛先端末を識別するための（IP）アドレスが格納されており，ルーティングは（IP）アドレスの構造を利用して行われる．現在 IP には，インターネットプロトコルスイート設計当初からの **IPv4**（IP version 4）とその後の **IPv6**（IP version 6）があり，これら 2 種類が使用されている．IPv4 では 32 ビット（bit）のアドレス（$2^{32} = 4.2 \times 10^9$ 個）が採用されている．しかし，これではいずれアドレスが枯渇してしまう．これまでは後述するネットワークマスクの導入などによって限りある IPv4 アドレスを使用し続けてきた．しかし，Windows Vista から IPv6 が標準で（特別な設定なしで）利用できるようになるなど，インターネットの想定を超える活用と今後のさらなる進展に対処するために，次バージョン（IPv6）への移行が本格化してきている．IPv6 アドレスは 128 ビット（$2^{128} = 3.4 \times 10^{38}$ 個）で構成されており，IPv4 のアドレス枯渇問題を解決し，さらに今後の進展が期待できるアドレス構成になっている．しかし本テキストでは，これまで情報ネットワークや TCP/IP について学んだことのない読者を対象として，IPv4 について概説する．まずは IPv4 について理解をしてもらいたい．次バージョン（IPv6）の学習はそれからでも遅くはない．余力のある読者は本節を学習した後，各自で IPv6 について調べてみるとよい．

4.5.1 IPv4 ヘッダ

ヘッダ部（IPv4 ヘッダ）の構成を図4.12 に示す．ここで，図中の数字はビット数を表し，ヘッダ内の各フィールドの意味は以下の通りである．

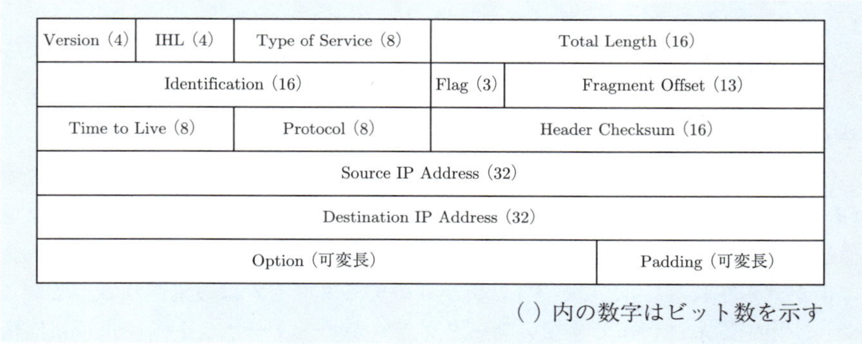

Version (4)	IHL (4)	Type of Service (8)	Total Length (16)	
Identification (16)			Flag (3)	Fragment Offset (13)
Time to Live (8)		Protocol (8)	Header Checksum (16)	
Source IP Address (32)				
Destination IP Address (32)				
Option（可変長）				Padding（可変長）

( ) 内の数字はビット数を示す

図4.12 **IPv4 ヘッダの構成**

(1) Version IP のバージョンを指定する．IPv4 の場合は 4 が入る．

(2) IHL（Internet Header Length） 32 ビット（4 オクテット）を単位としてヘッダの長さを表す．(13), (14) のオプションフィールドがない場合は 5 が入る．ここで，1 オクテットは 1 バイトを表す．

(3) ToS（Type of Service） 優先制御に用いると同時に，サービス品質を指定する．計 8 ビットのうち，最初の 3 ビットでデータグラムの優先度を指定し，4〜6 ビット目で遅延/スループット/信頼性に関する品質を指定する．それらの値が（それぞれ）1 のとき，高品質（低遅延/高スループット/高信頼性）を意味する．なお，7〜8 ビット目は未定義である．

(4) **TL（Total Length）** オクテット（8ビット）単位でヘッダ部とペイロード部の合計長が設定される．

(5) **フラグメント識別子（Identification）** 送信元端末から宛先端末までの転送経路間で，異なるデータリンク層プロトコルが使用されていることがある．また，プロトコルの種類によって転送可能なデータグラムの最大値（**MTU**：Maximum Transmission Unit）は異なる．送信元端末と宛先端末の間に最大データグラム長（MTU）の異なるネットワークが存在するとき，データグラムが分割されることがある．フラグメント識別子はデータグラムが複数個のブロック（これを**フラグメント**と呼ぶ）に分割されたときに，その再構成に利用される．

(6) **Flag** データグラムの分割に用いられる．第1ビットは未定義であり，第2ビットで分割の可否が指定される（値が0のとき分割可/1のとき**DF**（Don't Fragment：分割不可））．第3ビットは**MF**（More Fragment）の判定のために用意されており，その値が0のときは最後のフラグメントであることを表し，1のときは後続のフラグメントが存在していることを表す．

(7) **FO（Fragment Offset）** もとのデータグラムに対する当該フラグメントの位置（8オクテット単位）を指定する．この際，当該フラグメントの先頭をもとのデータグラムの先頭からの相対位置で指定する．

(8) **TTL（Time To Live）** データグラムの生存可能時間を秒単位で表す（その最大値は255秒である）．送信元端末でその初期値が設定され，ルータを通過する度にそのルータでの処理時間分だけ値が減らされる（1秒未満の場合は1が減らされる）．そしてTTL値が0のデータグラムは破棄される．これにより，宛先端末に到達できないデータグラムがインターネット内に永遠に滞留することを防ぐ．

(9) **Protocol** このデータグラムを使用している次レベルのプロトコルを番号で表す．TCPの場合は6，UDPの場合は17が設定される．

(10) **Header Checksum** IPヘッダ（VersionからPaddingまでの範囲）のチェックサムである．

(11) **Source Address** 送信元端末のIPv4アドレスが設定される．

(12) **Destination Address** 宛先端末のIPv4アドレスが設定される．

(13) **Option（可変）** 必須フィールドではない．現在，セキュリティ処理法などに関するオプションが定義されている．

(14) **Padding（可変）** ヘッダ長が32ビットの整数倍になるように0のビット列（パディング）が付加される．

4.5.2 IPv4 アドレス

IP アドレス（IP address）は，インターネット内の全端末（ルータも含む）を一意に識別できるように付与される．IP アドレスの割当を行う機関が **IANA**（Internet Assigned Numbers Authority）であり，IANA はインターネット資源を管理する民間非営利団体（**ICANN**：The Internet Corporation for Assigned Names and Numbers）の下部組織である．

各ルータ（端末）は通信回線インタフェースごとに 1 つの IP アドレスを持つ．IP アドレスはネットワーク層においてデータグラム（パケット）の制御に用いられ，**論理アドレス**と呼ばれる．前述したように，IPv4 では 32 ビット，IPv6 では 128 ビットのアドレスが使用される．また，**IPv4 アドレス**は一般に 133.78.216.88 のように，ドット（.）で 4 つ（8 ビットずつ）に区切って，それぞれを 10 進数で表記する（2 進数の 00000000～11111111 は 10 進数で表すと 0～255 となる）．このような表記法を**ドット付 10 進数表記**（dotted decimal notation）という．

図4.13 に示されているように，IPv4 の設計当初，IPv4 アドレスは各ローカル網を識別するためのネットワーク部と網内の端末を識別するためのホスト部からなる（階層構造的な）アドレス構成で用いられていた．しかし，現在はアドレスの枯渇に対処するため（効率的にアドレスを使用するため）などの理由で，**ネットワーク部**，**サブネットワーク部**，**ホスト部**という構成で実運用されている（図4.14）．

また，IPv4 の設計当初，IPv4 アドレスは各ローカル網の大きさによって，3 種類のクラスに分類されていた．言い換えれば，ネットワークの規模に関しては，大規模，中規模，小規模の 3 種類のネットワークしか考慮されていなかった．

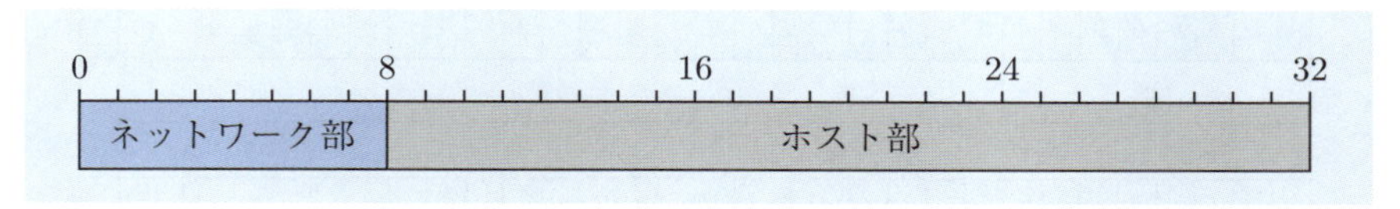

図4.13 **IPv4** アドレス（設計当初：ネットワーク部とホスト部）

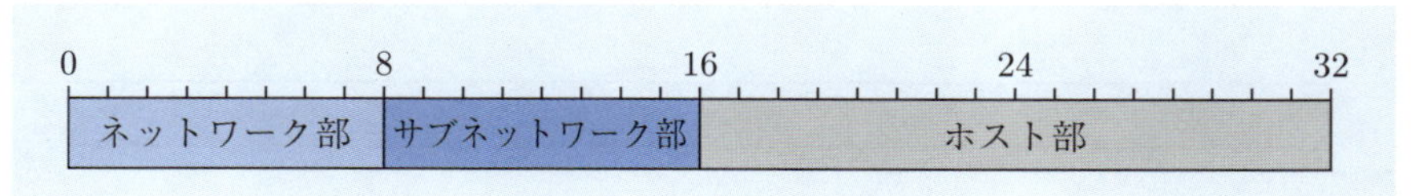

図4.14 **IPv4** アドレス（現在：ネットワーク部，サブネットワーク部，ホスト部）

(1) **クラスA** 大規模ネットワークは**クラスAのネットワーク**と呼ばれる．クラスAにおいて，（IPv4アドレスの）ネットワーク部は7ビット，ホスト部は24ビットである（図4.15）．また，図4.15中に示されているように，実際に使用されるクラスAのIPv4アドレスは0.0.0.0〜127.255.255.255である．

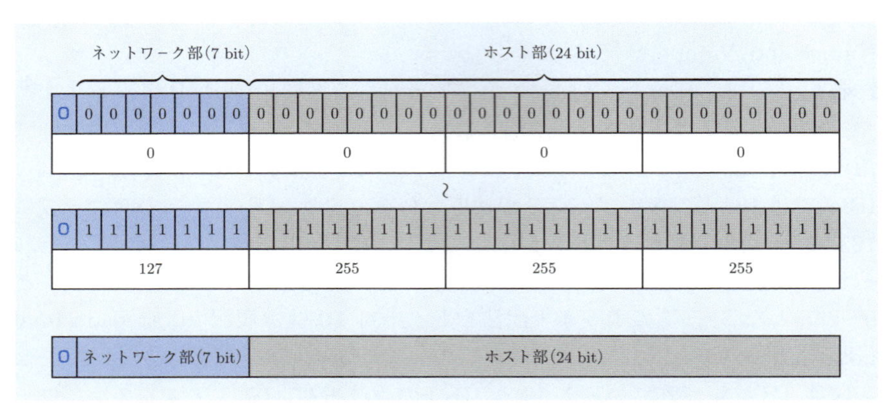

図4.15 クラスAのIPv4アドレス

(2) **クラスB** 中規模ネットワークは**クラスBのネットワーク**と呼ばれる．クラスBにおいて，（IPv4アドレスの）ネットワーク部は14ビット，ホスト部は16ビットである（図4.16）．また，図4.16中に示されているように，実際に使用されるクラスBのIPv4アドレスは128.0.0.0〜191.255.255.255である．

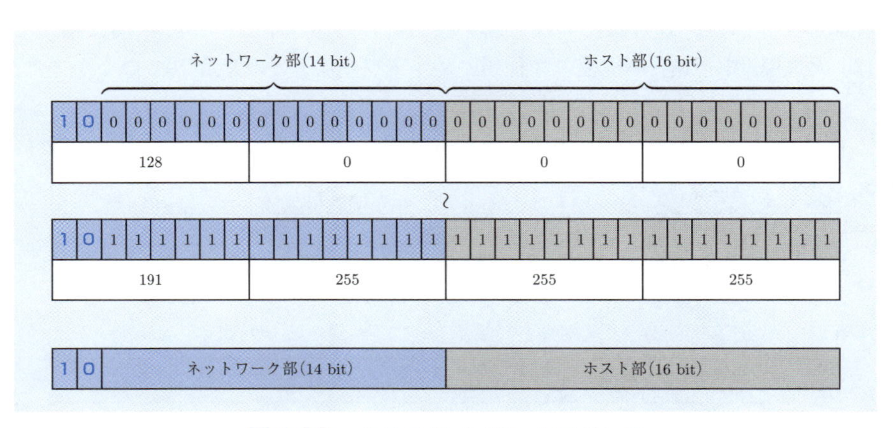

図4.16 クラスBのIPv4アドレス

(3) **クラス C** 小規模ネットワークは**クラス C のネットワーク**と呼ばれる．クラス C において，（IPv4 アドレスの）ネットワーク部は 21 ビット，ホスト部は 8 ビットである（図4.17）．また，図4.17 中に示されているように，実際に使用されるクラス C の IPv4 アドレスは 192.0.0.0〜233.255.255.255 である．

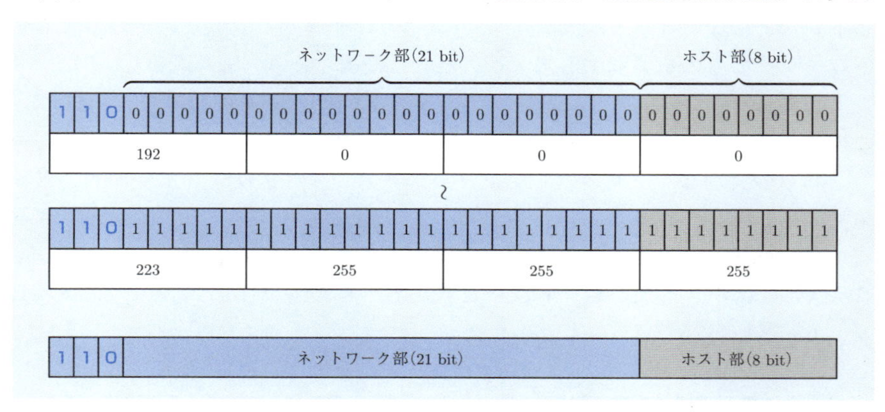

図4.17 クラス C の IPv4 アドレス

(4) **クラス D & E** この他，IPv4 アドレスにはマルチキャスト用の**クラス D** と将来の拡張用としての（研究用に使われる）**クラス E** も定義されている．これらのアドレスフォーマットを図4.18，図4.19 に示す．

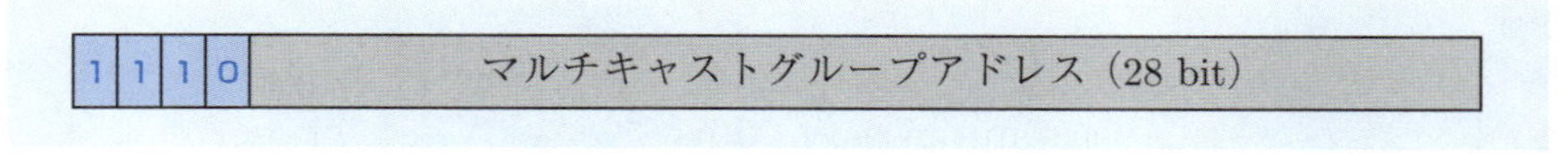

図4.18 クラス D の IPv4 アドレス

1 1 1 1 予約済（28 bit）

図4.19 クラス E の IPv4 アドレス

(5) **ネットワークアドレスとブロードキャストアドレス** 前述の通り，IP（v4）アドレスは，インターネット内の全端末（ルータも含む）を一意に識別するためのアドレスである．しかし，これとは別にネットワークアドレスとブロードキャストアドレスという 2 つの特別なアドレスが確保されている．

IP（v4）アドレスでは，すべて「1」には「all（全部）」，すべて「0」には「here（ここ）」という特別な意味を持たせている．IPv4 アドレスが 192.150.20.3 の場合を例に説明する．上記 (3) より，これはクラス C のアドレスである．よって，192.150.20 までがネットワーク部，3 がホスト部ということになる．**ネットワークアドレス**とはホスト部のアドレスを 0 にしたもので，この例では 192.150.20.0 がネットワークアドレスになる．ネットワークアドレスは端末を識別するためのアドレスではない（端末には割り当てない）．後述するルーティングの際にネットワークそのものを識別するアドレスとして使用される（図4.20）．また，ホスト部のビットをすべて 1 にしたアドレスを**ブロードキャストアドレス**と呼ぶ．この例では 192.150.20.255 がブロードキャストアドレスになる（図4.21）．

これらの特別なアドレス（ネットワークアドレスとブロードキャストアドレス）はネットワークごとに確保される．よって，各ネットワークに収容できる端末数（端末に割り振ることができるアドレス数）の最大値は $2^n - 2$ である．ここで，n はホスト部のビット数を表す．クラス A では 16,777,214，クラス B では 65,534，クラス C では 254 となる．

ネットワーク部	ホスト部
1100 0000 1010 1000 0001 0100	0000 0000
(192.150.20.)	(0)

図4.20 ネットワークアドレスの例

ネットワーク部	ホスト部
1100 0000 1010 1000 0001 0100	1111 1111
(192.150.20.)	(255)

図4.21 ブロードキャストアドレスの例

4.5.3 サブネットマスク

IP（v4）アドレスが割り当てられている組織の多くは内部に複数のローカル網（LAN）を有している．しかし，個々の LAN ごとにネットワークアドレスを割り当てるのは，後述するルーティングやセキュリティの観点から効果的とはいえない．ルーティングでは経路表の管理や経路の選択/決定が複雑になる．また，外部に組織内のネットワーク構造を知らしめることになるために，セキュリティの観点からも好ましくない．

ところで，IPv4 のアドレス不足は，根本的にはアドレス長が 32 ビットであることに起因しているが，クラス分類されていることもその要因の 1 つである．

これらの問題の解決策として，3 種類のネットワークの配下にサブのネットワークを構築するという考え方が提案（導入）された．この考えでは，図4.14 で示したように，従来のホスト部（のフィールド）はサブネットワーク部とホスト部に分割して使用される．これにより，各組織は組織内ローカル網（LAN）を自分達で個別に管理できるようになるだけでなく，1 ビット単位でネットワーク部（サブネットワーク部も含む）とホスト部を分割できるようになる．そのため，限りのある IPv4 アドレスを効率的に使用することができる．

IPv4 アドレスからサブネットワークアドレスを求めるための方策として，**サブネットマスク**（の概念）が導入されている．現在，IPv4 アドレスはサブネットマスクとともに用いられる．このサブネットマスクは IPv4 アドレスと同様に 32 ビットで構成される．ネットワーク部とサブネットワーク部に対応するビットはすべて 1，ホスト部に対応するビットはすべて 0 という（アドレス）構成である．そして，当該 IP（v4）アドレスとの論理積から新たなネットワーク部（ネットワーク部とサブネットワーク部）を抽出することができる（図4.22）．なお，ネットワーク部（サブネットワーク部も含む）のビット数を**プレフィックス長**（prefix length）と呼び，IPv4 アドレスのドット付 10 進数表記とプレフィックス長を組み合わせ，これらをスラッシュ（/）で区切る表記法を**プレフィックス表記**と呼ぶ．

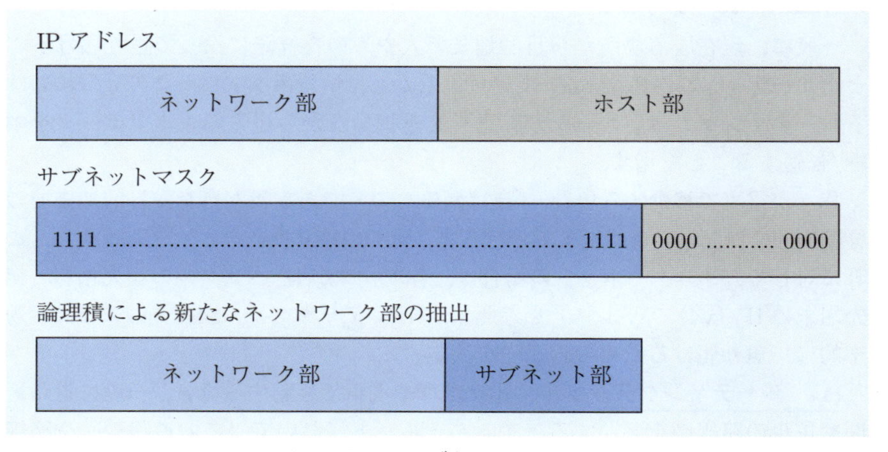

図4.22　サブネットマスク

例題4.1

IPv4 アドレスが 133.78.216.28，サブネットマスクが 255.255.255.0 と設定された端末について次の問に答えよ．

(1) この IPv4 アドレスのクラスを答えよ．

(2) プレフィックス表記で示せ．

(3) この端末が属するネットワークに収容できる端末数（端末に割り振ることができるアドレス数）の最大値を求めよ．

(4) この端末が属するネットワークのネットワークアドレスとブロードキャストアドレスを答えよ．

【解答】 (1) この IPv4 アドレスは 128.0.0.0〜191.255.255.255 の範囲であるので，答えはクラス B となる．

(2) 255.255.255.0 を 2 進数で表すと次のようになる．

11111111 11111111 11111111 00000000

1 が 24 個であるので，プレフィックス表記では 133.78.216.28/24 となる．

(3) ホスト部は 8 ビットとなるので，$2^8 - 2$ より答えは 254 である．

(4) ネットワークアドレスはホスト部のアドレスをすべて 0 にしたものであるので，133.78.216.0 である．また，ブロードキャストアドレスはホスト部のアドレスをすべて 1 にしたものであるので，133.78.216.255 となる． ■

4.5.4 ルーティング

一般に，現在居る場所から目的地まで人やものを経路に沿って送り届けることを**ルーティング**（Routing）という．しかし，情報ネットワークの分野におけるルーティングとは各ルータが転送先を選択しながら宛先端末までデータを中継/転送することを指す．

我々が電車で移動する場合，「運ばれるもの」である我々自身が目的地までの経路情報を確認し，目的地までの行き方（駅での乗り換えなど）を判断する．これに対して，インターネットの場合は，各ルータが IP ヘッダ内の宛先情報（宛先端末の IP（v4）アドレス）を参照し，（IP）データグラムを宛先端末まで（効率的に）送り届けるための転送先を決定する．

(1) ルーティングテーブル 我々が車や電車で移動する場合，一般に道路地図や電車の路線図を参照する．インターネットにおいて，この道路地図や路線図に相当するのが**ルーティングテーブル**（経路表）である．各ルータは，ルーティングテーブルを有している．実際，ルータは，受信した（IP）データグラム内（ヘッダ内）の宛先アドレスを確認する．そして，宛先のネットワークへ効率的に送り届けるために，自身のどの**ポート**（ケーブルが接続されたインタフェース）から送出すればよいかをテーブル内の経路関連情報から判断する．

後述する OSPF では，1 つの宛先ネットワークを

(1) 宛先 IPv4 アドレス（destination address）
(2) サブネットマスク
(3) ゲートウェイの IPv4 アドレス
(4) 出力回線インタフェースの IPv4 アドレス
(5) メトリック（costs）

の 5 種類の経路関連情報（構成要素）からなるエントリ（**ルーティングエントリ**）で特徴付ける．（OSPF）ルーティングエントリのうち，1 つ目の宛先 IPv4 アドレスと 2 つ目のサブネットマスクで宛先のネットワークを特定する．3 つ目のゲートウェイでは，受信した（IP）データグラムの転送先がわかる．ここで，（IP）データグラムを宛先端末へ送り届けるまでの中継回数を**ホップ**という単位で表す．たとえば，宛先端末まで 3 つのルータによる中継がなされていれば，宛先端末までは 3 ホップであるという．このため，ゲートウェイは**ネクストホップ**とも呼ばれる．また 4 つ目の出力回線インタフェースでは，転送先であるゲートウェイに（IP）データグラムを渡すための出力ポート（自身の出力回線インタフェース）がわかる．最後に 5 つ目のメトリックでは，転送（中継）先の優先度を判断する．一般に宛先（のネットワーク）までの経路は 1 つだけではない．各ルータにおいて，受信した（IP）データグラムを宛先（のネットワーク）へ送り届けるための複数の転送先が存在する．通常，**メトリック**（コスト）値が最小のゲートウェイが転送先として選択される．図4.23 にはルーティングの一例が示されている．

(2) ルーティングプロトコル 各ルータには，ネットワークの規模や構成に応じて適切なルーティングプロトコルを実行させる必要がある．インターネットのルーティングプロトコルは，自律システム（**AS**：Autonomous System）を構成単位として

- AS 間で動作する **EGP** （Exterior Gateway Protocol）
- AS 内部で動作する **IGP** （Interior Gateway Protocol）

に大別することができる．自律システム（AS）とは，同じ方針で管理されているネットワーク（1 つの管理組織で運用されているルータの集合）のことを指し，普通は 1 つの ISP に対応する．

宛先 IPv4アドレス	ネットワークマスク	ゲートウェイ	出力回線インタフェース	メトリック
133.78.216.0	255.255.255.0	172.23.0.2	172.23.0.1	1
133.78.216.0	255.255.255.0	172.22.0.2	172.22.0.1	2
133.78.216.0	255.255.255.0	172.21.0.2	172.21.0.1	3

⋮

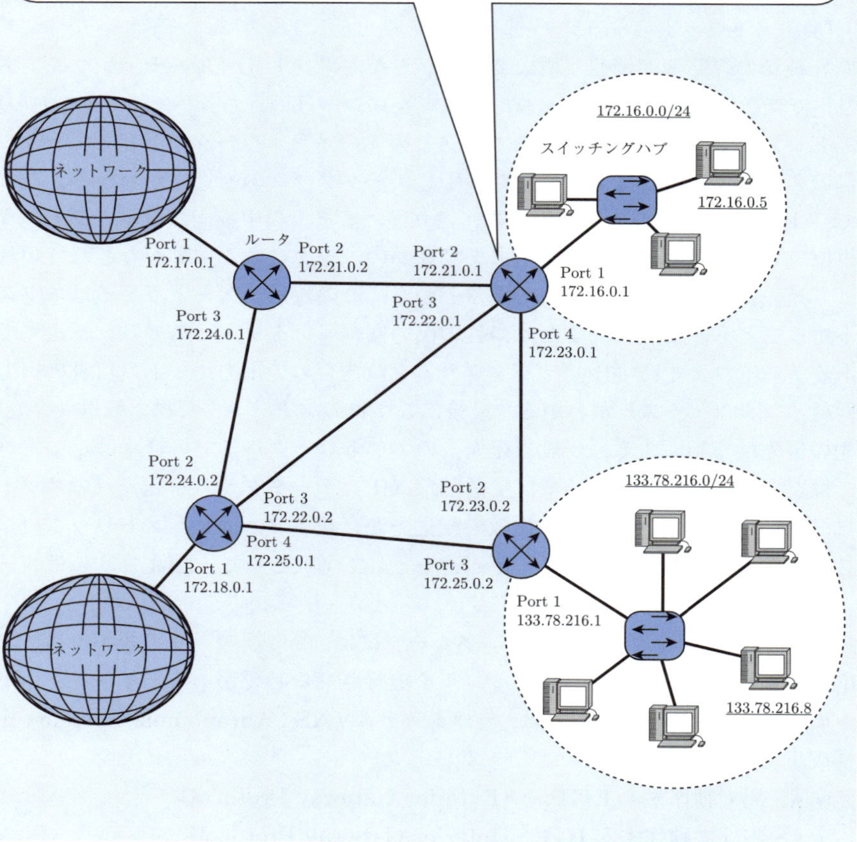

図4.23 ルーティングに関する一例

EGPとしては，**BGP-4**（Border Gateway Protocol 4）が重要である．これは自律システム（AS）という大規模なネットワークを世界規模で結ぶルーティングプロトコルであり，現在のインターネットにおいて，EGPの標準になっている．

IGPに属するルーティングプロトコルは，**ディスタンスベクタ**（distance vector）型と**リンクステート**（link state）型の2つに分類することができる．ディスタンスベクタ型には，**RIP**（Routing Information Protocol）や**IGRP**（Interior Gateway Routing Protocol）があり，リンクステート型には，**OSPF**（Open Shortest Path First）や**Integrated IS-IS**（Integrated Intermediate System-to-Intermediate System）がある．ディスタンスベクタ型のルーティングプロトコルは距離を表すホップ数と方向を表す出力回線インタフェースのみを意識したルーティング方式であり，個々のルータはそれぞれ異なった経路情報を持つことになる．これに対して，リンクステート型のルーティングプロトコルはネットワーク全体の地図を生成し，イメージとしては全ルータが同じ経路図を共有することになる．なお，これらのルーティングプロトコルのうち，ディスタンスベクタ型ではRIP，リンクステート型ではOSPFが用いられることが多い．RIPは小規模，OSPFは大規模ネットワークに対応している．

4.5.5 ICMP

IPはコネクションレス型のプロトコルであるため，ネットワークの状態情報を取得・確認しないだけでなく，データグラム転送に不具合が発生した場合においてもそれを検知し，再送などの手段を講じる仕組みが用意されていない．IPのこのような機能不足を補完するために，**ICMP**（Internet Control Message Protocol）が定義されており，IPを実装した場合には必ずこのICMPも実装することになっている．

ルータや宛先端末は，このプロトコル機能（ICMP）を活用して，データグラムの不具合などを送信元端末に知らせる異常通知メッセージを発生させる．この際，1つの異常通知メッセージは，1つのデータグラムのペイロードとして送信させる．

以下に，主なICMPメッセージを紹介する．

(1) **destination unreachable** 指定先にデータグラムを届けることができないとき，またDFフラグが1にセットされたデータグラムが分割されなければ通過できないネットワークに出会ったときに使用される．

(2) source quench 中継網に輻輳（ネットワークの混雑）が発生した際，送信元端末に送信速度を下げるように指示する．

(3) redirect ルータが送信元端末にデータグラムの転送ルートの変更を指示する．

(4) echo/echo reply **echo**（メッセージ）は宛先端末に対する到達可能性を調べるために使用されるメッセージであり，echo reply はそれに対する応答メッセージである．**ping**（コマンド）ではこれらのメッセージが利用されている．

(5) time exceeded **TTL**（Time To Live）値が 0 のデータグラムの破棄，ならびに（分割された）データグラムが宛先端末で一定時間内に再構成できなかったことを通知する．

4.5.6 ARP と RARP

宛先端末の IP アドレスがわかれば，データグラムを生成することはできる．しかし，端末（群）は一般にイーサネットに収容されているので，宛先端末のイーサネットアドレス（MAC アドレス）がわからなければ，送信元端末においてフレームを生成・送出することができない．これは，送信元端末において，宛先の論理アドレス（IP アドレス）だけでなく，それに対応した宛先の物理アドレス（MAC アドレス）も既知でなければならないということを意味する．**ARP**（Address Resolution Protocol）は，このアドレス問題を解決するために考案されたプロトコルであり，これを用いて論理アドレスと物理アドレスの対応表（APP テーブル）を生成することができる．

このプロトコル（ARP）では ARP リクエストとそれに対する ARP リプライによって，論理アドレスに対応した物理アドレスを取得する（図4.24）．図4.24 には，端末（A）による端末（E）の MAC アドレス取得の手順が示されている．

(1) 端末（A）は端末（E）の論理アドレスを書き込んだブロードキャストメッセージを同一ネットワーク内の全端末に向けて送信する（**ARP リクエスト**）．

(2) このメッセージを受信した端末（E）はこれが自身の論理アドレスであることがわかるので，自身の物理アドレスが書き込まれたメッセージを端末（A）に返信する（**ARP リプライ**）．

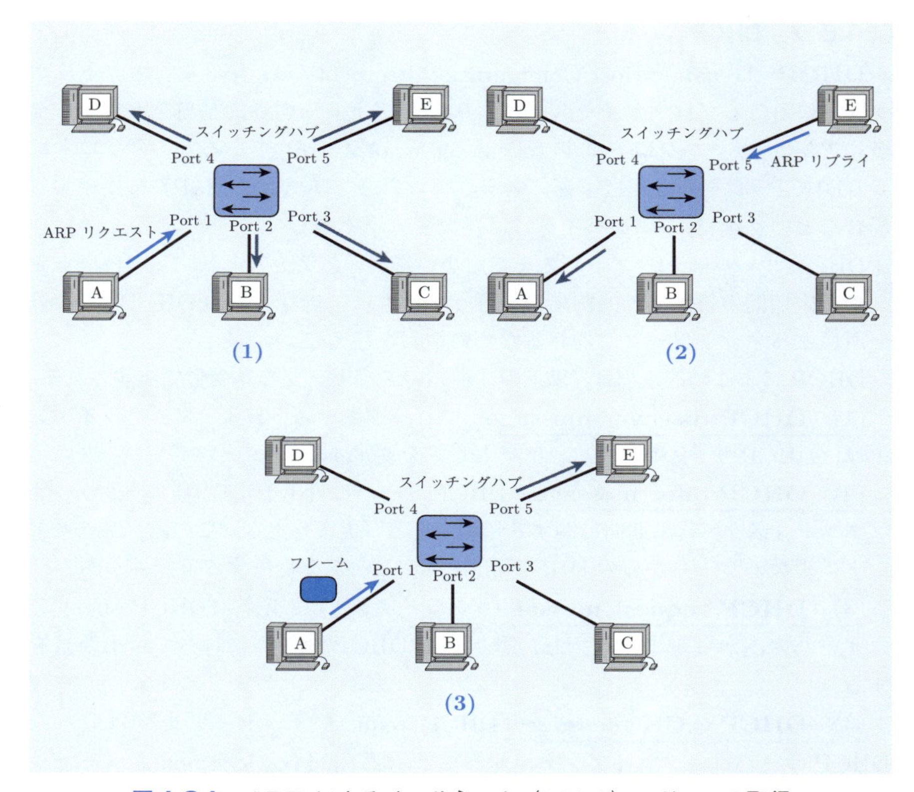

図4.24 **ARP によるイーサネット（MAC）アドレスの取得**

各端末は，このようにして生成した対応表（**ARP テーブル**）をキャッシュに保存する．そして，通信要求が生じたとき，まずはキャッシュを探索し，宛先 IP アドレスの有無を確認する．宛先 IP アドレスがない場合は，上記（図4.24）のような手順でテーブル情報を追加/更新する．また，論理アドレスと物理アドレスの対応関係は変化するため，ARP には定期的にテーブル情報を削除し，論理アドレスと物理アドレスの対応関係を再生成する機能も備わっている．

この他，ARP とは逆に，物理アドレスから論理アドレスを取得するプロトコルもある．このプロトコルは，**RARP**（Reverse ARP）と呼ばれ，自身の IP アドレスを問い合わせるときなどに用いられる．なお，ARP, RARP はデータリンク層のプロトコルであるが，論理アドレスと物理アドレスの対応関係を求めるプロトコルであるため，IP について学ぶ本節の中で説明されている．

4.5.7 DHCP

DHCP（Dynamic Host Configuration Protocol）は，第3層（ネットワーク層）におけるブロードキャストにより，IP アドレスの動的割当を実現する**クライアント–サーバプロトコル**（client-server protocol）である．このプロトコル（DHCP）は，たとえば家庭にあるパソコンをプロバイダ（ISP）に接続する場合などの状況で，（プロバイダには）大変有用である．

DHCP サーバは，IP アドレスを持たない端末（クライアント）に，IP アドレスの一定期間の貸出（動的割当）を行うとともに，自身（この DHCP サーバ）が所属するネットワークに加わるための情報を与える．

DHCP による動的割当は，以下の4種類のメッセージの送受信で実現される．

(1) **DHCP discover message** ブロードキャストによって，クライアントは，DHCP サーバに対して IP アドレスを要求する．

(2) **DHCP offer message** DHCP サーバは貸出予定の IP アドレス，サブネットマスク，貸出期間に関する情報を応答（提案）する．この際，クライアントは複数のサーバからの DHCP offer メッセージを受信する可能性がある．

(3) **DHCP request message** クライアントは，応答（DHCP offer）したサーバの内から1つを選択し，選択した DHCP サーバに対して貸出要請をする．

(4) **DHCP ACK message** DHCP request メッセージを受け取った DHCP サーバは，クライアントに対して，承認（acknowledgment）メッセージを返信する．

アドレスの使用を終了したクライアントは，サーバに DHCP release メッセージを送信してその旨を通知する．なお，DHCP には，IP アドレスの永久割当（自動割当）やクライアントによる貸出期間の延長要請などに関する機能も備わっている．

4.6　トランスポート層の働き

下位4層（コネクション）の最上位層に当たるトランスポート層には，通信要求に対応するために，次の2つのエンド-エンドプロトコルが用意されている．

- **TCP**（Transmission Control Protocol）
- **UDP**（User Datagram Protocol）

ネットワーク層における IP の役割が，宛先端末への（IP）データグラムの効率的な転送であった．それに対して，トランスポート層プロトコル（TCP, UDP）の役割は，ユーザ要求（アプリケーションのサービス品質）に応じて，適切な通信を提供することにある．ここで，IP での通信主体が端末であったのに対して，TCP, UDP では端末内で動作しているアプリケーションが通信主体となる．また，アプリケーションを識別するためのアドレスは**ポート番号**と呼ばれ，トランスポート層におけるデータ転送単位（プロトコルデータ単位）は（**TCP/UDP**）**セグメント**と呼ばれる．

4.6.1　ポート番号

手紙には誰宛なのかが記されていなければならない．そうでなければ，自宅ポストまで配達された自分宛の手紙を家族の誰かが開封してしまう（家族の誰かが読んでしまう）可能性がある．これと同様にコンピュータ端末の中で動作しているアプリケーションも1つとは限らないので，情報（アプリケーションデータ）を送受信する場合には，アプリケーションを指定する必要がある．インターネットでは，トランスポート層（TCP/UDP）において，ポート番号を使って通信するアプリケーションを識別する（図4.25）．要するに第3層（ネットワーク層）では IP アドレスを用いてコンピュータ端末を識別し，第4層（トランスポート層）ではポート番号を用いて端末内で動作しているアプリケーションを識別するのである．

利用頻度の高いアプリケーション（応用サービス）には，あらかじめポート番号が定められている（登録されている）．これらは，**よく知られたポート番号**（well known port numbers）と呼ばれ，0～1023 がよく知られたポート番号としてプロトコル別に予約されている．たとえば，**ファイル転送プロトコル**（**FTP**：File Transfer Protocol）はポート番号「20」と「21」，**Telnet** は「23」，**SMTP**（Simple Mail Transfer Protocol）は「25」，**www-HTTP**（Hyper Text Transfer Protocol）は「80」と定められている．

FTPを使って，UNIXサーバからファイルを取得する場合について考える．この場合，FTPのポート番号「21」がTCPヘッダの宛先ポート番号フィールドに設定されて**TCPセグメント**（トランスポート層のプロトコルデータ単位）が送信される．これを受信したUNIXサーバでは，(TCP) ヘッダ内のポート番号情報を参照することで，FTPアプリケーションが起動される．

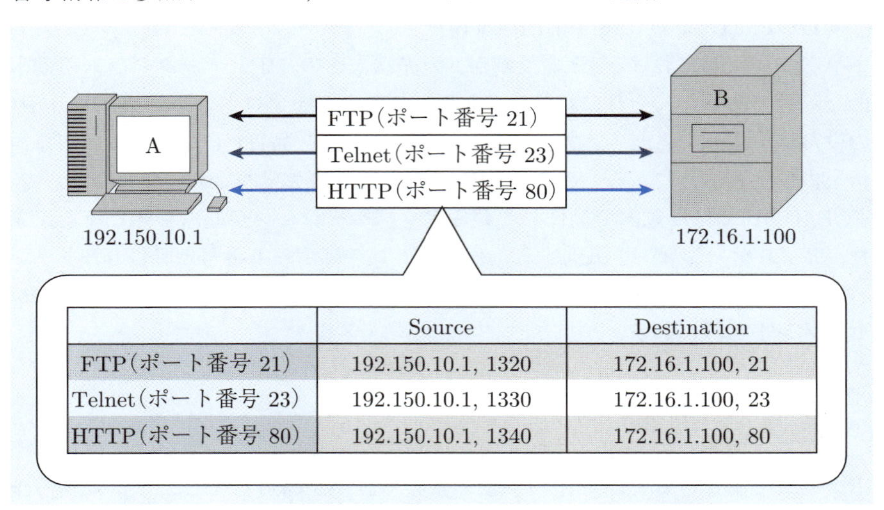

	Source	Destination
FTP（ポート番号 21）	192.150.10.1, 1320	172.16.1.100, 21
Telnet（ポート番号 23）	192.150.10.1, 1330	172.16.1.100, 23
HTTP（ポート番号 80）	192.150.10.1, 1340	172.16.1.100, 80

図4.25　ポート番号によるアプリケーションの識別

4.6.2　TCPとUDPの概要

トランスポート層プロトコルのうち，コネクション型に分類されるTCPは正確性を重視したプロトコルである．情報（アプリケーションデータ）の送受信は送信元端末と宛先端末の間で信号を交換し，コネクションを確立してから実行される．そして宛先端末内の指定されたアプリケーションに対してアプリケーションデータを正確に渡す．

TCPでは以下の機能によって信頼性のある（正確性を重視した）通信を提供する．

(1)　コネクション制御　情報（アプリケーションデータ）の送受信に際し，まずは送信元端末と宛先端末の間で**コネクション**を確立するための処理を行う．このとき，セグメントのサイズや一度に送信できるセグメント数などを確認し合う．なお，コネクションはIPアドレスとポート番号の組合せで識別される．

(2)　シーケンス処理（順序制御）と再送制御　アプリケーションデータの位置を識別するための数値（**シーケンス番号**）を使ってセグメントを正しい順に並べ替えたり，送信に失敗したと判断したセグメントを再送したりする．

(3)　フロー制御　**ウィンドウ制御**と**輻輳制御**からなるフロー調整機構により，通信状態に応じた転送速度の調整を実現する．

なお，TCP ではブロードキャスト通信やマルチキャスト通信は行えない．このような通信を行う場合は UDP を利用する．UDP は，IP と同様にコネクションレス型に分類されるトランスポート層のプロトコルであり，上記の (1)～(3) のような機能は有していない．一般にリアルタイム性が要求されるアプリケーションに対して用いられる．図4.26 には TCP と UDP のイメージが示されている．

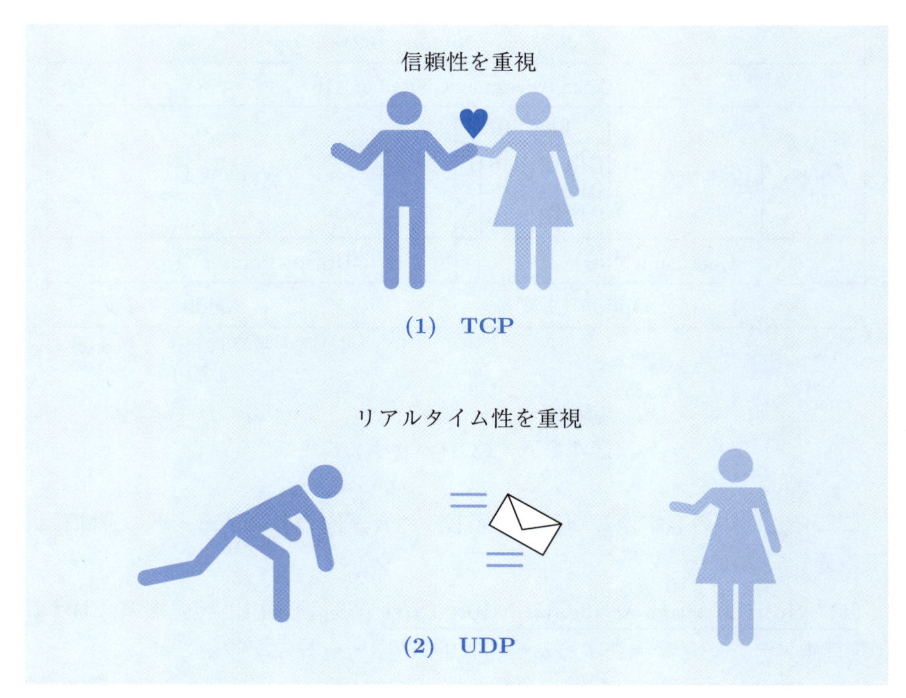

図4.26　**TCP と UDP のイメージ**

4.7 TCP

本節では，まず **TCP** で行う制御に関する情報が格納されているヘッダ部（TCP ヘッダ）について示し，それに続いて前節で述べた TCP 機能（役割）を順に説明する.

4.7.1 TCP ヘッダ

TCP ヘッダの構成を図4.27 に示す.

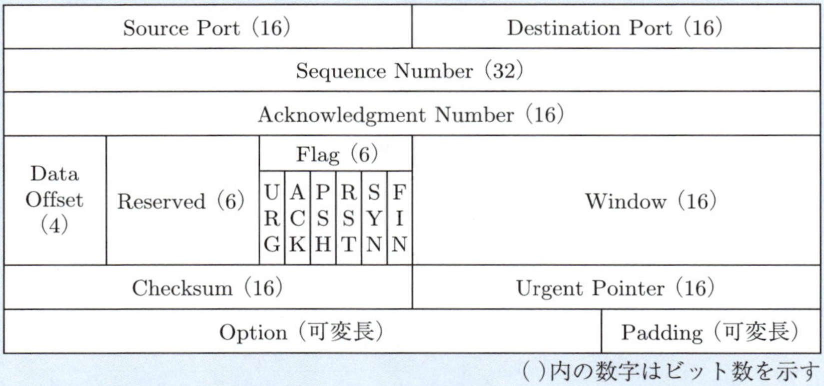

<table>
<tr><td colspan="8">Source Port（16）</td><td colspan="2">Destination Port（16）</td></tr>
<tr><td colspan="10">Sequence Number（32）</td></tr>
<tr><td colspan="10">Acknowledgment Number（16）</td></tr>
<tr><td rowspan="2">Data Offset（4）</td><td rowspan="2">Reserved（6）</td><td colspan="6">Flag（6）</td><td colspan="2" rowspan="2">Window（16）</td></tr>
<tr><td>URG</td><td>ACK</td><td>PSH</td><td>RST</td><td>SYN</td><td>FIN</td></tr>
<tr><td colspan="8">Checksum（16）</td><td colspan="2">Urgent Pointer（16）</td></tr>
<tr><td colspan="9">Option（可変長）</td><td>Padding（可変長）</td></tr>
</table>

（）内の数字はビット数を示す

図4.27 **TCP ヘッダの構成**

ここで，図中の数字はビット数を表し，ヘッダ内の各フィールドの意味は以下の通りである.

(1) Source Port & Destination Port 送信元端末，宛先端末における（アプリケーションを識別するための）TCP ポート番号が設定される.

(2) Sequence Number 分割されたアプリケーションデータを再構築（構成）するために用いられる．アプリケーションデータ（元データ）中のどの部分のデータかを知るための番号である．ただし，(10) の SYN フラグの設定値が 1 の場合は初期シーケンス番号を意味する.

(3) Acknowledgment Number 宛先端末がどこまで受信したかをこのフィールドに入れて送信元端末に返信する．実際には，(7) の ACK フラグの設定値が 1 のとき，次に受信を期待するシーケンス番号が設定される．

(4) Data Offset 4 オクテット単位で（TCP）ヘッダ長を指定する．

(5) Reserved 未定義で現在は使用されていない．0 が設定される．

(6) URG（URGent pointer field significant） TCP セグメント中に緊急メッセージが存在している場合，1 が設定される．(14) の Urgent Pointer（フィールド）で，セグメント内における緊急メッセージの存在位置を示す．現在はほとんど使用されていない．

(7) ACK（ACKnowledgment field significant） 確認応答を行うとき，1 が設定される．1 が設定されているとき，(3) の Acknowledgment Number（確認番号）が意味を持つ．

(8) PSH（PuSH function） **プッシュ機構**（少量のデータでも即時に送ることができる機構）を用いる場合に 1 が設定される．

(9) RST（ReSeT the connection） コネクションのリセット（初期化）のために用意されている．通常，（TCP）コネクションを切断する場合，(11) の FIN フラグを使用するが，何らかの影響でコネクションが切断できないとき，RST 値を 1 にしたセグメントを使ってコネクションをリセットする．

(10) SYN（SYNchronize sequence numbers） コネクション確立時に用いられる．この設定値が 1 のとき，セグメントはコネクション確立用となり，(2) の Sequence Number（フィールド）を用いて初期シーケンス番号が交換される．

(11) FIN（FINish, no more data from sender） コネクション切断時に用いられる．

(12) Window TCP のウィンドウ制御でのウィンドウサイズは可変であるので，この値を相手側に通知する必要がある．**広告ウィンドウサイズ**（advertised window size）とも呼ばれるこの値はオクテット（バイト）単位で表され，一度に受信可能なオクテット数を意味する．

(13) Checksum （TCP）セグメントの誤り検出に用いられる．IP ヘッダのチェックサムが IP ヘッダだけを計算対象としているのに対して，このチェックサムは TCP ヘッダとペイロードに加えて，**TCP 擬似ヘッダ**（TCP pseudo header）を計算対象にしている．この擬似ヘッダには送信元と宛先の IP アドレス，プロトコル番号，および（TCP）セグメント長が含まれており，これらすべてが正確に受信できていることを確認する．なお，このような擬似ヘッダが用いられる理由は，IPがコネクションレスで信頼性の低い転送を行っていることにある．トランスポート層（TCP）では擬似ヘッダを用いて真に自身宛のセグメントであることを受信側で確認できるようになっている．

(14) **Urgent Pointer** 送信元端末が宛先端末に緊急に処理してもらいたいデータを送信するとき，この緊急ポインタでセグメント内でのこのデータの終了位置（現在のシーケンス番号からのオクテット数）を示す．

(15) **Option & Padding（可変）** **最大セグメント長**（**MSS**：Maximum Segment Size）などに関するオプション情報が入る．MSSは端末が受け入れ可能な最大ペイロード長であり，コネクション確立時に送信元と宛先の端末間でこの値を通知し合う．なお，オプション部は可変長で，ビット0のパディングを付けて，ヘッダ長を32ビットの整数倍とする．

4.7.2 コネクション制御

コネクションの確立およびその切断の方法について説明する．

(1) **コネクションの確立** TCPでは**3方向ハンドシェイク**(three way handshake）と呼ばれるコネクション確立方法が採用されている．エンドシステム間のコネクションが対象であるため，その通信路はデータリンク層の通信路と比較して信頼性が低い．コネクションの確立に関するメッセージやそれに対する確認応答（ACK）に誤りや消失が生じ，これらのメッセージが正しく送受信されない可能性を考慮に入れる必要がある．そのため，コネクション確立要求メッセージとそれに対する確認応答（ACK）に加え，ACKに対する応答も返信（返却）するようにして，コネクションの確立を確実なものにしている．ただし，合計3回のメッセージ交換を行うこの方法を用いても，100%のコネクション確立（生成）が保証されるわけではない．効率性の観点から合計3回と定められている．

また3方向ハンドシェイクでは，2つ（送信元と宛先）の端末がそれぞれの初期シーケンス番号を交換する．これは，エンドシステム間のコネクションでは切断後もその（TCP）セグメントがネットワーク内に滞留している可能性があるためである．新たにコネクションを確立するときに，そこで用いるシーケンス番号が以前のものと重ならないようにするために，シーケンス番号発生器によって生成した初期値を交換する（シーケンス番号の初期値が常に0や1にならないようにしている）．

3 方向ハンドシェイクの具体的な手順（シーケンス図）を図4.28 に示す．

①：まず，送信元端末（A）から，SYN フラグ値が 1 で，初期シーケンス番号が格納された（TCP）セグメントが送信される（図4.28 ①）．

②：次に，これを受信した宛先端末（B）は，ACK および SYN フラグをセットする．そして，送信元端末（A）が示した初期シーケンス番号に対する確認応答（確認番号 = 送信元端末の初期シーケンス番号 +1）と，自身（端末（B））の初期シーケンス番号を格納した（TCP）セグメントを返信する（図4.28 ②）．

③：そして，これを受信した送信元端末（A）は，ACK フラグをセットして，宛先端末（B）が示した初期シーケンス番号に 1 を加えた確認番号を持つ（TCP）セグメントを送信する．これを宛先端末（B）が受信することで，コネクションの確立が完了となる（図4.28 ③）．

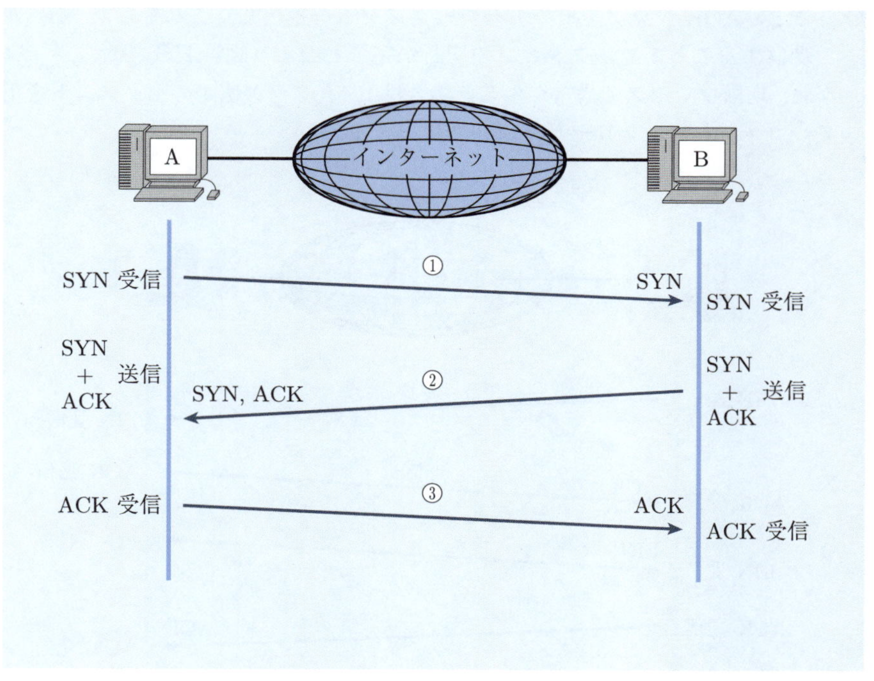

図4.28 コネクションの確立（**3** 方向ハンドシェイク）

(2) コネクションの切断 コネクションは送信元端末と宛先端末のどちらからでも切断することができる．切断の具体的な手順（シーケンス図）を図4.29に示す．

①：まず，切断したい端末（A）から，FINフラグをセットしたセグメントが送信される（図4.29①）．

②：次に，これを受信した端末（B）は，これに対する（ACKフラグをセットした）セグメントを返信する．送信していない残りのデータがある場合はそれも送る（図4.29②）．

③：そして，それに続けてFINフラグをセットしたセグメントを送信する（図4.29③）．ここで，残データがない場合は，これら（図4.29②,③）のセグメントはACKおよびFINの両フラグをセットした1つのセグメントで代用することもできる．

④：最後に，切断したい端末（A）はこのセグメント（図4.29③）を受信すると，ACKフラグをセットしたセグメントを返信し，これを端末（B）が受信することでコネクションの切断が完了となる（図4.29④）．

なお，切断プロセスで異常が生じた場合はRSTフラグ値1のセグメントを用いて，コネクションをリセット（初期化）する．

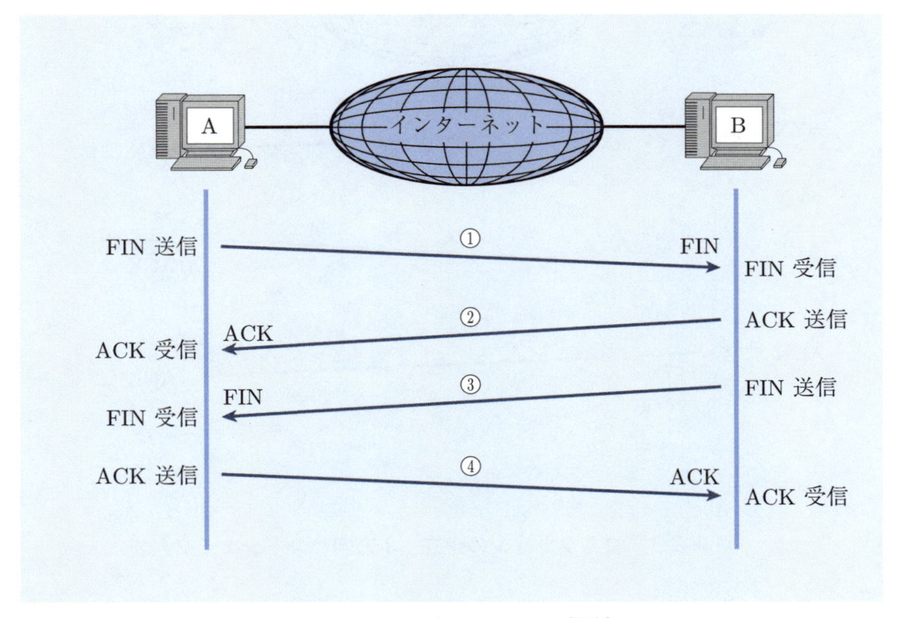

図4.29 コネクションの切断

4.7.3 シーケンス処理と再送制御

分割・送信されたアプリケーションデータ（複数のセグメント）は受信側（バッファ）においてシーケンス番号を用いて再構成される．図4.30には送信に失敗したセグメントの再送やシーケンス番号を用いた順序制御（シーケンス処理）のイメージが示されている．ここで，図中の S_1～S_4 はセグメントを表す．

再送に関して，TCPでは**タイムアウト再送**という方式が導入されている．これは送信元端末において，設定したタイムアウト以内に（宛先端末における）セグメントの受信が確認できなかった場合に送信失敗と判断し，このセグメント

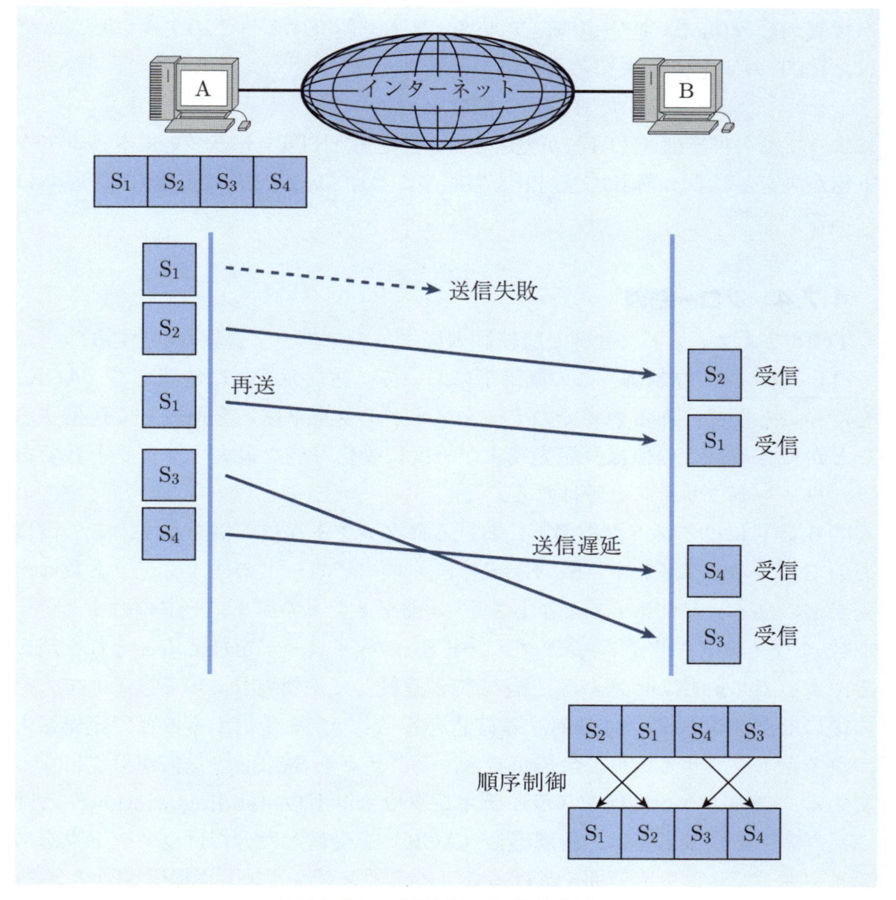

図4.30 順序制御と再送制御

を再送するという方式である．このタイムアウト再送では，いかにタイムアウト値を設定するかが重要となる．タイムアウト値は，（原理的には）セグメントを送信した時点から宛先端末が作成したACKを受け取るまでの時間（**RTT**：Round Trip Time）である．しかし，TCPコネクションでは，RTTはネットワークの混雑状況によって大きく変化するため，適切な値を設定するためには効果的な推定値の導出アルゴリズムが必要となる．推定値が小さ過ぎると，実際にはセグメントが宛先端末に届いているにも関わらず，不必要な再送を行ってしまう．逆に大き過ぎると，セグメントが消失しているにも関わらず，再送処理が遅くなるために遅延が増大する．

代表的な（RTT）推定値導出アルゴリズムを紹介する．このアルゴリズムでは，RTTの測定値xを得る度に

$$\mathrm{RTT} \leftarrow k\mathrm{RTT} + (1-k)x$$

によってその推定値（RTT）が更新され，推定値（RTT）に基づいてタイムアウト値が決定される（詳細は文献[2]を参照のこと）．ここで，kは定数（$0 \leq k \leq 1$）である．

4.7.4 フロー制御

TCPではウィンドウ制御と輻輳制御によってフローを管理/調整する．

(1) ウィンドウ制御 この制御下において，送信元端末は確認応答（ACK）を待つことなく，ある値までのデータ（オクテット単位）を連続して送信することができる．この値は，宛先端末が一度に受信可能な最大オクテット数であり，**ウィンドウサイズ**と呼ばれる．

図4.31にウィンドウ制御下におけるセグメント送信の例を示す．この例において4つのセグメント（S_1, S_2, S_3, S_4）のペイロードの総オクテット数は宛先端末のウィンドウサイズより小さく（4セグメントのペイロードの総オクテット数 $\leq$ ウィンドウサイズ），セグメントS_5のペイロードを加えるとそれを超える．よって，まずはセグメントS_4までが連続して送信されている．そして，その後にセグメントS_1, S_2に対する確認応答A_1, A_2を受信することで宛先端末のウィンドウ（サイズ）に余裕ができ，セグメントS_5, S_6の送信が可能になっている．このような機構を**スライディングウィンドウ**（sliding window）と呼ぶ．ウィンドウ制御では，確認応答（ACK）を受信した分だけウィンドウをスライドさせて送信可能範囲を広げるスライディングウィンドウ機構（図4.32）が採用されている．

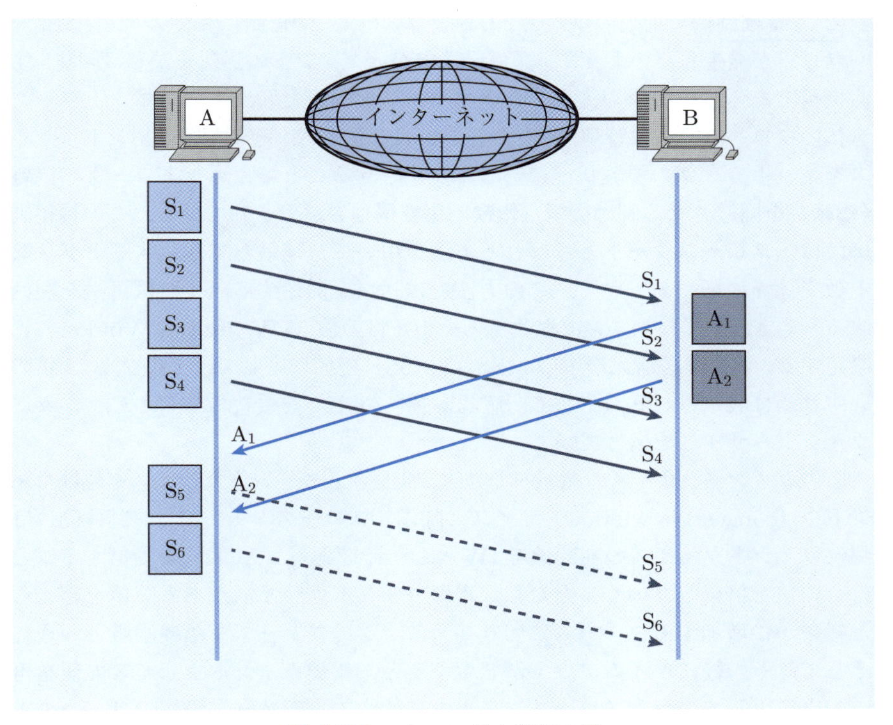

図4.31 ウィンドウ制御の例

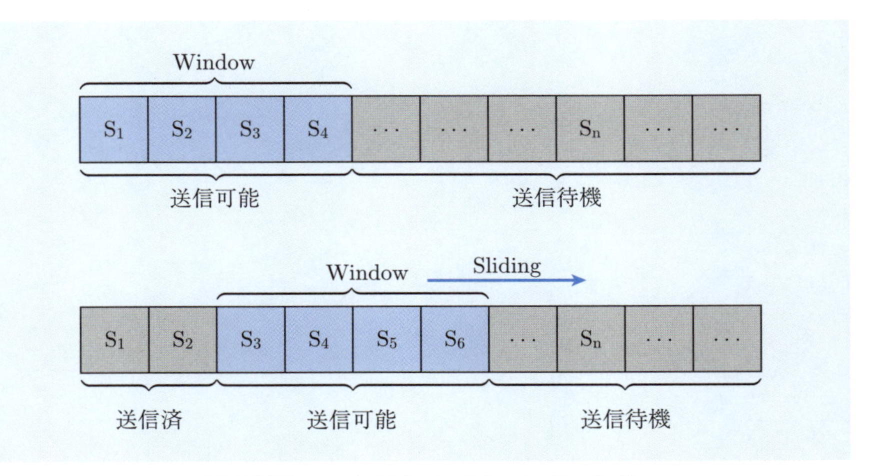

図4.32 スライディングウィンドウ機構

(2) **輻輳制御** 前述のウィンドウ制御は，宛先（受信側）端末でバッファオーバフローが発生しないように，送信元端末がセグメントの送信を調整（抑制）する機構である．そのため，ウィンドウサイズを固定とした場合はネットワーク全体のフローを適正に管理/調整することはできない．そこで，ウィンドウサイズをネットワークの混雑状況に応じて変化させることで，ネットワークの混雑（**輻輳**）を回避させる制御機構（**輻輳制御機構**）も導入されている．この輻輳制御では，**スロースタート**と呼ばれる方法を用いて，連続して送信するセグメント数を徐々に増やしていく．この方法では送信を開始する（または再送を開始する）とき，まずはウィンドウサイズを小さ目の値（**IW**：Initial Window）に設定する．IW は送信元端末の MSS（SMSS）の値に応じて，その 2, 3, 4 倍のいずれかに設定される．そして，確認応答（ACK）を受け取るごとに，徐々にウィンドウサイズを広げていく．

広告ウィンドウサイズの範囲内で動的に変更するウィンドウサイズを**輻輳ウィンドウ**（congestion window）**サイズ**と呼ぶ．スロースタートでは，具体的には輻輳ウィンドウサイズの初期値を IW とし，確認応答（ACK）を受信するごとにその値を倍にしていく．ただし，輻輳ウィンドウサイズがある閾値を超えると緩やかに増加するフェーズに切り替える（このフェーズを**輻輳回避**という）．そして，その後にタイムアウトが発生すると，輻輳ウィンドウサイズの値を再び IW に戻して，再度スロースタートを開始する．輻輳制御機構では，このような一連の動作によって輻輳を回避している．

4.8　UDP

UDP は，TCP のような制御機能（コネクション制御，順序制御，フロー制御など）を有していない．UDP は信頼性よりもリアルタイム性が要求されるアプリケーションのために用意されたプロトコルである．TCP/IP にはネットワーク管理者用のプロトコルとして **SNMP**（Simple Network Management Protocol）が用意されている．この SNMP は，ルータなどのネットワーク機器が障害の発生やネットワークの利用状況などを管理者にリアルタイムに送信するためのプロトコルである．途中でデータが紛失することも考慮に入れて 3 回までは再送するというルールとともに UDP で運用される．また，インターネット電話やストリーミングのライブ映像などにも UDP が用いられる．要するに，音声の多少の劣化や一時的な映像の乱れよりもリアルタイム性が追求される．加えて，TCP はコネクション制御によって 1 対 1 の信頼性のある通信を実現するが，UDP はコネクション制御を行わないので 1 対多の通信が可能である．これはブロードキャストやマルチキャストを使って行われる．

UDP も TCP と同様に，上位層からのアプリケーションデータを UDP ヘッダでカプセル化する（これを **UDP セグメント**と呼ぶ）．UDP セグメントはコネクションレスで送信され，途中でデータが紛失しても再送処理などは行われない．そのため，アプリケーションの側が必要に応じて再送処理を行うことになる．

UDP ヘッダの構成を図4.33 に示す．ここで，図中の数字はビット数を表す．UDP ヘッダは，送信元と宛先のポート番号，長さ，チェックサムの 4 フィールドだけで構成される．また，チェックサム機能を用いてデータが正しく受信できているかをチェックしても再送処理を行うわけではない．UDP セグメントはデータグラムにポート番号情報を加えただけの構成になっているといえる．

Source Port (8)	Destination Port (8)
Length (8)	Checksum (8)

( ) 内の数字はビット数を示す

図4.33　**UDP ヘッダの構成**

4章の問題

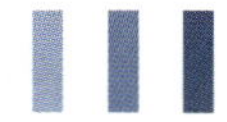

□**4.1** 回線交換方式とパケット交換方式について調べよ．また，回線交換方式に対するパケット交換方式の利点（特徴）を簡潔に述べよ．

□**4.2** 階層統合型システムの利点を述べよ．また，OSI参照モデルとインターネットプロトコルスイートの対応関係を整理せよ．

□**4.3** スイッチングハブはコリジョンドメインを分割する．スイッチングハブの学習の機構について整理せよ．

□**4.4** コネクションレス型のIP（v4）を補完するためのネットワーク層プロトコルを（1つ）挙げ，その役割について説明せよ．

□**4.5** ARPの必要性とその動作概要について述べよ．

□**4.6** RIP（ディスタンスベクタ型のルーティングプロトコル）とOSPF(リンクステート型のルーティングプロトコル）について調べ，それらの動作概要をまとめよ．

□**4.7** TCPの役割を3つに大別し，それぞれの機能（役割）を簡潔に説明せよ．

第5章

トラヒック理論と信頼性理論

トラヒック理論と信頼性理論は，通信ネットワークの設計・構築において，たとえば用意すべきサーバ数の決定などの具体的な問題を解決する．しかし，これまで両理論の相互関係を配慮した入門的解説書はなかった．本章では日本において初めて，両理論を一望できる入門的解説を行う．

5.1 トラヒック理論

まず，トラヒック理論の解説を行う．

5.1.1 トラヒック理論の意義

通信ネットワークを設計・構築する際には，ユーザの満足度を十分配慮する必要がある．しかし，単純にユーザの満足度を向上させ，いつでもどこでも通信できる環境を整えようとすると，各ユーザに専用の回線を用意するなどの多くの設備を用意する必要がある．この場合，当然，多額のコストが発生し，不経済となる．つまり，通信ネットワークの設計・構築においては，満足度とコストのバランスを実現する必要がある．

このようなバランスを実現する方法論としてトラヒック理論は発展した．トラヒック理論はユーザがどの程度サービスを利用しようとするかを定量的に把握できるとき，設備の量からユーザの満足度に直結する数値（サービスを受けられない確率や，待ち行列に並ぶ時間）を算出する．たとえば，サービスを受けられない確率が0.01程度になるようにするには，どの程度の設備を用意すればよいかを明らかにする理論である．これによって，ユーザの満足度を維持しながら，設備構築に要するコストを抑えることができる．

トラヒック理論は，通信ネットワークを主な対象として発展してきた．しかし，通信の分野だけにとどまらず，鉄道の運行や道路ネットワークの設計など多くの分野で重要な役割を果たしており，**オペレーションズリサーチ**（**OR**）の分野の重要な理論的支柱となっている．

以下，5.1.2, 5.1.3項において，トラヒック理論の導入部分についてわかりやすい解説を行うが，その前にトラヒック設計の考え方を整理しておく．

通信ネットワーク上には，多くの情報が飛び交う．当然，この情報量（通信量）があまりに増えると，通信ネットワークを構成する機器が，通信を処理できなくなることがある．これを**輻輳**（ふくそう）と呼ぶ．

簡単な例を考える．2000台の電話機が交換機Aに接続し，AからBに中継回線を通って交換機Bに接続する．交換機Bにはやはり2000台の電話機が接続しているとする（図5.1）．このとき，交換機AとBの間に何人分の中継線数（以下，**回線数**と呼び，図5.1中の青の円は回線の束を表す）を用意しておけばよいだろうか．

2000の回線数を用意しておけば輻輳を起こすことはないことは明らかである．

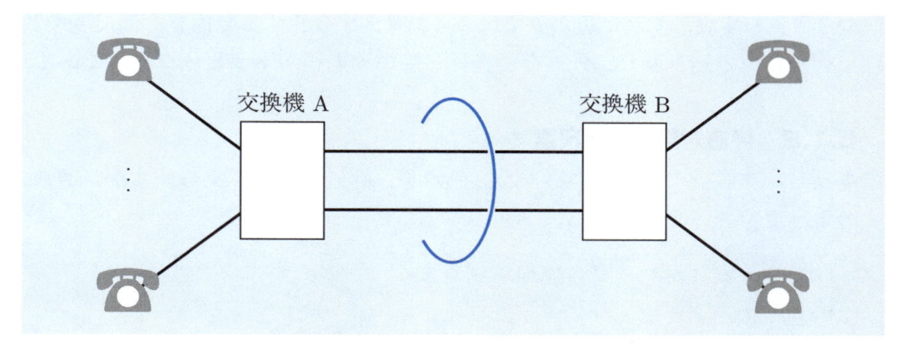

図5.1 簡単な通信ネットワークの構成例

しかし，各交換機に接続する計 4000 人が常に電話をしていることはあり得ず，2000 の回線数を確保することは余りにコスト高を招くことも明らかである．かといって，回線数が 10 では，すぐに輻輳を起こしてしまう．

では，どの程度の回線数を用意しておけばよいかという問題を解くことが必要となる．トラヒック理論を用いれば，各電話機が 1 時間当たりランダムに平均 6 分使用されるとき，99%の確率で輻輳を起こさないためには 117 の回線数が必要であることが計算できる（具体的な計算法は 5.1.3 項の (3) で説明する）．

このように，トラヒック設計の考え方を用いて，多くの実際的な問題を解決することができる．以下の手順は，トラヒック設計を行う実際的な手順である．

手順 1. どのようなサービスを対象としているかなど，設計の対象を明確にする．

手順 2. 手順 1 で明確となった対象において，設計目標と，設計目標をどれだけ達成できているかを示す評価尺度を明確にする．

手順 3. 手順 2 で明確となった設計目標と評価尺度に影響する要因を明確にし，その相互関係を数理的モデルとして記述する．

手順 4. 手順 3 のモデルにおいて，各要因やモデルの構造を変化させるとどのように評価尺度の値が変化するかを分析する．

手順 5. 分析結果に基づいて，コストも考慮に入れながら，設計目標をできる限り達成する合理的な設計を明らかにする．

手順 6. 設計に基づいて，実際の対象を構築する．

手順 7. 手順 6 では，当初予想しなかった現象や考えるべき事柄が発生するので，それらを踏まえて，再度手順 1 以降を繰り返す．

つまり，一度設計すれば終わりではなく，絶えず変化する要因を評価尺度や数理モデルに組み込み直し，分析を再実行していく過程が**トラヒック設計**である．

5.1.2　評価対象と評価尺度

トラヒック設計において，様々な評価対象，評価尺度が考えられるが，通常，次のような枠組みを想定する．

(1)　まず，顧客がサービス窓口に到着する．
(2)　到着後，顧客がサービスを受ける．
(3)　サービスを受けると顧客は退去する．

通信の場合は，ユーザが通信を開始し（顧客の到着），通信を行い（サービスを受ける），通信を終了する（顧客が退去する）という一連の挙動が上記の枠組みに当てはまる．このとき，サービス窓口が無限個あれば，この一連の挙動は問題なく実行される．しかし，実際にはサービス窓口は有限であり，たとえば，5つのサービス窓口に6人の顧客が到着すれば，1人はすぐにはサービスを受けられないことになる．このような状況は，通信の場合には，多くのユーザが通信サービスを利用しようと接続要求した結果，通信容量が不足する事態に相当する．この場合，サービスが受けられない顧客の行動は，サービスを受けるのをあきらめ，退去してしまうか，サービスを受けられるまで待つかである．

すべての顧客が，サービスを受けるのをあきらめ，退去すると想定するとき，評価対象は**即時系**と呼ばれる．一人でも顧客が待つことを想定する場合は**待時系**と呼ばれる．通信の場合には，通信容量を超えてユーザが接続要求しようとした結果，新規のユーザの通信回線が切断される場合が即時系に相当する．切断はされないが，情報通信ネットワーク内のバッファなどに接続要求が滞留する場合が待時系に相当する．

トラヒック理論では，評価対象として，図5.2の枠組みを想定し，即時系の

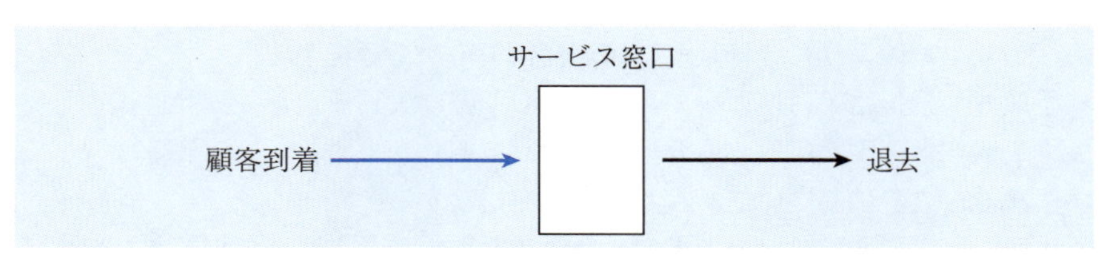

図5.2　評価対象の枠組み

場合には，ユーザが退去を余儀なくされる確率（**呼損率**）を評価尺度とし，待時系の場合には，顧客が待たされる時間（**待ち時間**）の平均や，ばらつき具合（**確率分布**）を評価尺度とすることが一般的である．

5.1.3　トラヒック解析

前提として，顧客の到着について規則性がない（**ランダム到着**という）が，平均的には1時間当たり λ 人が到着するとする．サービスが終了するタイミングも同様に規則性がなく（**指数分布**でサービスが終了するという）が，平均的には $\frac{1}{\mu}$ 時間だけサービスを受けるとする（μ を**サービス終了率**と呼ぶ）．

(1)　即時系　まず，サービス窓口の数を1，顧客が到着したとき，サービス窓口が塞がっていたら，待たずに退去する場合を想定する（即時系）．この場合には，以下の2つの状態を考える．

状態0：サービス窓口が空いている．
状態1：顧客がサービスを受けており，サービス窓口が塞がっている．

状態0において，顧客が到着すると，状態1となる．その顧客がサービスを終了すると，状態2となる．つまり，2つの状態が互いに現れる．これを状態が**遷移**（せんい）すると呼び，図5.3のような**状態遷移図**で表すことがよくある．

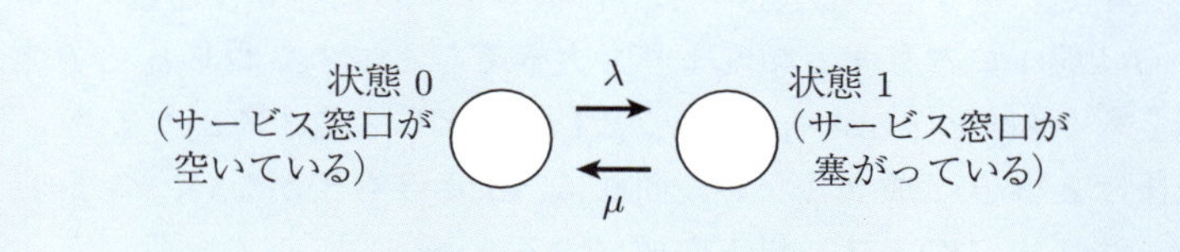

図5.3　状態遷移図

状態 i が実現しているという前提で，状態 i が状態 j に変化するまでの平均時間を $T(i,j)$ とするとき，$\frac{1}{T(i,j)}$ を状態 i から j への**遷移率**と呼ぶ．図5.3では状態0から1への遷移率は λ であり，状態1から0への遷移率は μ である．

状態0が実現する確率を「状態0の**状態確率**」と呼び，P_0 とかく．状態1が実現する確率を「状態1の状態確率」と呼び，P_1 とかく．$P_0 + P_1 = 1$ が成立するのは明らかである．

ここで，状態が0から1に遷移するのは，1時間当たりに平均何回かを考える．この回数を状態0から状態1に遷移する**頻度**と呼び，α とかく．逆に，状態1から状態0の遷移に着目したとき，1時間当たりの平均遷移回数を，状態1から状態0に遷移する頻度と呼び，β とかく．

状態0から1への遷移は，サービス窓口が空いている状態が発生し，かつ，そのとき顧客が到着することで発生する．いま，顧客は1時間当たり平均 λ 人が到着することはわかっているので．これに，サービス窓口が空いている確率を乗算すれば状態0から状態1に遷移する頻度，すなわち，α がわかる．たとえば，状態0にある確率が0であれば，サービス窓口はずっと塞がったままなので，$\alpha = 0$ である．状態0にある確率が1であれば，サービス窓口はずっと空いているので，$\alpha = \lambda$ である．状態0にある確率が $\frac{1}{2}$ であれば，半分の時間しか遷移が起きないので，$\alpha = \frac{1}{2} \times \lambda$ である．このように考えれば，α は $P_0 \times \lambda$ であることは容易にわかる．同様に考えると，状態1から状態0に遷移する頻度は

$$P_1 \times \mu = (1 - P_0)\mu$$

であることも容易にわかる．

さらに，長い時間観測すると α と β は等しくなる．なぜならば，たとえば，$\alpha > \beta$ が長期に続けば，状態0から1に遷移する頻度が状態1から0に遷移する頻度よりも大きいのであるから，長い時間の間に $P_0 = 0$ に近づく．すると状態0から状態1に遷移する頻度 $P_0 \times \mu$ は0に近づく．逆に，状態1から0に遷移する頻度 $(1 - P_0)\lambda$ は大きくなり，状態1から状態0に遷移する頻度が，状態0から状態1に遷移する頻度よりも大きくなる．すなわち $\alpha < \beta$ となる．これは，そもそもずっと $\alpha > \beta$ が続くとしたことに矛盾する．つまり，長い時間の経過後は $\alpha > \beta$ は成立しない．同様に，$\alpha < \beta$ も続かない．つまり，いずれ $\alpha = \beta$ となる．このとき，以下が成立する．

$$P_0\lambda = P_1\mu = (1 - P_0)\mu$$

この式から

$$P_0 = \frac{\mu}{\lambda + \mu}$$

となり，容易に

$$P_1 = \frac{\lambda}{\lambda + \mu}$$

であることもわかる．

ある顧客が，サービスを受けようとしたとき，サービスが受けられる確率は，サービス窓口が空いている状態が実現する確率であり，$P_0 = \frac{\mu}{\lambda+\mu}$ で求めるこ

とができる．サービス窓口が塞がっており，サービスを受けられない確率，すなわち，5.1.2 項で述べた呼損率は，$P_1 = \frac{\lambda}{\lambda+\mu}$ で求められる．

なお，トラヒック解析では，通常，**利用率**と呼ばれる指標 ρ を，$\rho = \frac{\lambda}{\mu}$ と定義し，上記の呼損率は，$\frac{\rho}{1+\rho}$ のように ρ を用いて表されることが多い．

(2) 待時系 (1) と同じ条件で，サービスを受けられない場合，顧客が退去するのではなく，待っている場合，すなわち，待時系の場合，以下のように状態を定めて解析を行う．ただし，ここでは簡単のため，すべての顧客が待っているとする．

状態 0：待っている顧客が 0 人
状態 1：待っている顧客が 1 人
状態 2：待っている顧客が 2 人
⋮
状態 i：待っている顧客が i 人
⋮

この場合，状態遷移図は，図5.4 のようになる（図5.3 との整合性から，図中左から，状態 $0, 1, 2, \cdots$ と並べている）．

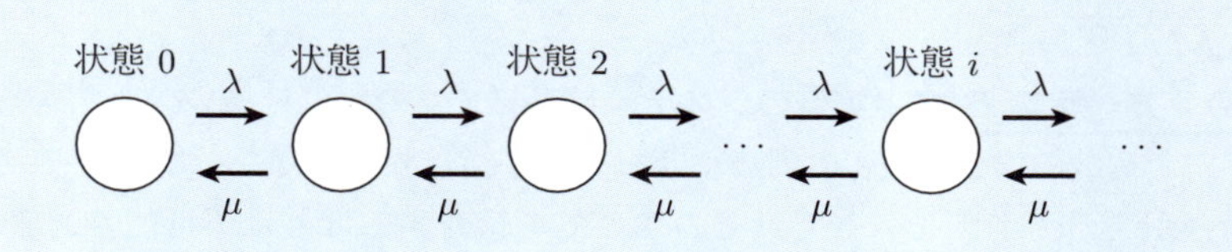

図5.4 待時系

(1) と同様に，長い時間の経過後には 1 つの状態から他の状態に遷移する頻度と，他の状態からその状態に遷移する頻度が同じになるという条件から，各状態確率を求めることができる．結果は，以下の通りである．

$$P_n = (1-\rho)\rho^n$$

詳細は省略するが，上式に基づいた初等的な計算から，待っている顧客の平均人数は $\frac{\rho}{1-\rho}$，**平均待ち時間**は $\frac{\rho}{(1-\rho)\mu}$ で算出できる．

例題5.1

サービス窓口が1つで，1時間に5人の顧客が到着し（$\lambda = 5.0$），平均6分のサービス時間を要する場合において，平均待ち時間を算出せよ．

【解答】 まず

$$\mu = \frac{60\text{分}}{6\text{分}} = 10$$
$$\rho = \frac{\lambda}{\mu} = \frac{5.0}{10} = 0.5$$

である．したがって，待っている顧客の平均人数は

$$\frac{0.5}{1 - 0.5} = 2$$

となり，平均待ち時間は

$$\frac{0.5}{(1 - 0.5) \times 10} = 0.2\,[\text{時間}]$$

すなわち，12分となる． ■

注意：本例題以降，わかりやすさのため適宜単位を省略することがある．

【例題5.1】のように，λ と μ がわかれば，平均待ち時間などが算出できる．なお，ここで述べた，サービス窓口が1個で，待つ顧客数に制限がない待時系を **M/M/1** と呼ぶ．

(3) アーラン *B* 式　実際のシステムは多様であり，(1), (2) の他に，サービス窓口が複数の場合，顧客の到着やサービスが指数分布ではない場合など，多くの場合がある．本テキストで，そのすべてを紹介することは不可能である．ここでは，基礎的であり，かつ，広く応用が知られる場合として，顧客の到着やサービスが指数分布であり，サービス窓口が複数個（S 個）ある即時系について述べる．これは **M/M/S(0)** と呼ばれる（$M/M/S(0)$ の0は即時系であることを表すために記載されている）．

サービス窓口が S 個あることに着目し，i 個のサービス窓口が塞がっている状態を状態 i とすると，状態遷移図は**図5.5** のようになる．

これまでと同様，長い時間の経過後には状態間の遷移の頻度が均衡していることに着目する．このことで，各状態 r（$r = 1, 2, \ldots, S$）の状態確率を求めることができる．結果は以下の通りである．

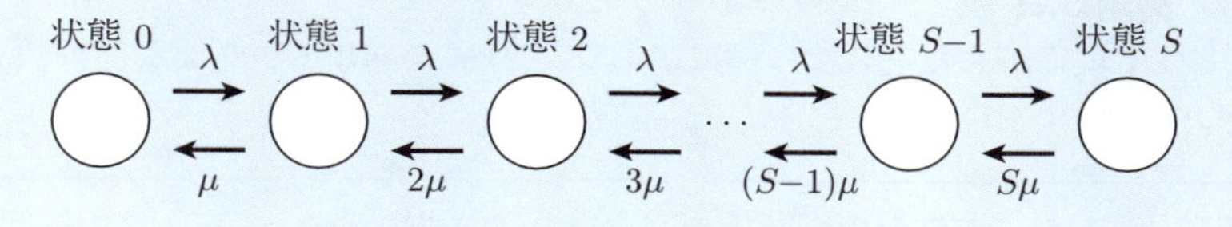

図5.5　$M/M/S(0)$ の状態遷移図

$$P_r = \frac{\frac{a^r}{r!}}{\sum_{i=1}^{s} \frac{a^i}{i!}} \tag{5.1}$$

ここで，a は**呼量**（単位は erl：読み方は**アーラン**）と呼ばれ，「単位時間当たりの延べサービス時間」を意味する．たとえば，1 時間に 3 人の顧客があって，それぞれ 2 分，3 分，10 分のサービスを受けようとすれば

$$\frac{2\,分 + 3\,分 + 10\,分}{60\,分} = 0.25\,[\mathrm{erl}]$$

の呼量となる．サービス窓口が 1 つの場合，呼量はそのサービス窓口においてサービスが行われている時間の割合に等しい．たとえば，1 つの電話機について半分の時間的割合で使用されているならば，該当する呼量は 0.5 erl であり，この電話機は 0.5 erl の呼量を処理している，あるいは，この電話には 0.5 erl の呼量が加わっているという．

また，平均サービス時間の等しいサービス窓口が k 個あれば，その加わる呼量は $k \times$（1 つのサービス窓口当たりの呼量）に等しい．たとえば，1 つの電話機当たりの呼量が 0.3 erl で，電話機が 10 機あれば，全体で

$$10 \times 0.3 = 3\,[\mathrm{erl}]$$

の呼量が加わっている．

さて，いま対象としている系は即時系なので，$r = S$ のとき，すべてのサービス窓口が塞がり，新規顧客はサービスを受けられなくなる．つまり，**呼損**となる．このとき，呼損率は P_S に他ならず，以下の式より呼損率が求められる．

$$P_S = \frac{\frac{a^S}{S!}}{\sum_{i=0}^{s} \frac{a^i}{i!}} \tag{5.2}$$

上式は**アーラン B 式**と呼ばれ，実務上最もよく利用される．

例題5.2

5.1.1項で示した電話機の例にアーラン B 式を適用し，必要な回線数を算出せよ．

【解答】 例では，2000台の電話機が交換機Aに接続し，AからBに中継回線を通って交換機Bに接続する．交換機Bには，やはり2000台の電話機が接続しているとしている．

まず，1時間で平均6分使用されることから，1つの電話機について0.1 erlの呼量が加わっていることがわかる．しかし，電話の場合，1人が電話機を使用していれば，必ず，もう1人も電話（つまり，通話相手）を使用していることを考えると，発着それぞれについて，0.05 erlが加わっていると考えてよい．したがって，アーラン B 式中の呼量 a は

$$
\begin{aligned}
a &= 0.05 \times (2000 + 2000) \\
&= 200\,[\mathrm{erl}]
\end{aligned}
$$

と考えがちであるが，半分の通信は，同一交換機に接続している（交換機Bを経由せず交換機Aのみを経由する通信，および交換機Aを経由せず交換機Bのみを経由する通信）電話機同士の通話であると考えられるので，結局

$$
\begin{aligned}
a &= \frac{200}{2} \\
&= 100\,[\mathrm{erl}]
\end{aligned}
$$

である．

したがって，式(5.2)より，呼損率が0.01以下となる最大の S，つまり，必要な回線数は

$$
S = 117
$$

と算出される（式(5.2)の計算を自動的に行うウェブサイトなどが存在し，S の算出は容易に行える）． ■

このように，アーラン B 式は，非常に有用であり，現実の通信ネットワークの設計に広く用いられている．

5.2　信頼性理論

前節で述べたように，トラヒック理論は状態遷移図から状態確率を求めることで，呼損率などのユーザが困る事態の確率を算出する．そして，そのような事態が発生する確率を一定の基準以内に抑えるために必要な回線数の算出などを行う．

トラヒック理論は，通信ネットワークの設備設計に欠かせない重要な方法論を形成している．ところが，通信ネットワークの設備設計で，もう1つ大きな役割を果たしている理論として，信頼性理論がある．これは，通信ネットワークを構成する設備に故障が発生してもユーザへの迷惑をできる限り回避する方法論として発展してきた．

トラヒック理論と信頼性理論は，多くの場合，独立した理論として紹介されており，1つの書籍において両理論が紹介され，相互の関連が解説されることは少ない．しかし，実際には，信頼性理論とトラヒック理論は重なる部分も多い．本テキストは，日本において初等的な内容ではあるが，初めてこのような両理論にまたがる解説を行うことで，両分野の知識が相乗効果を持つように発展する可能性を切り開くことを目指している．

まず，以下では，信頼性理論の基礎的事項について解説し，その後，トラヒック理論と深く関わる部分の解説を行う．

5.2.1　信頼性とは

まず，JIS 規格では**信頼性**（reliability）とは

「アイテム（対象となるシステム，サブシステム，機器，装置，構成品，部品，素子，要素などの総称またはいずれか）が，与えられた条件で規定の期間中，要求された機能を果たす性質」

と定義される．区別せず，**アイテム**という言葉で統一的に記述することが多い．これは，たとえば装置といっても，その装置を構成する部品を集めたシステムや通信ネットワークとみなすことができ，同じ対象が見方によってシステムであったり，部品であったり，通信ネットワークであったりするという考え方に基づいている．

上記のように定義された信頼性を，一定の**評価尺度**で数値にすることが信頼性理論の鍵である．これは，トラヒック理論において，呼損率などの評価尺度を用い，呼損率が一定の基準以内となるよう回線数やサービス窓口数を設計することと同じ考え方に基づく．

5.2.2　評価対象と評価尺度

信頼性理論においても，多くの評価対象と評価尺度が提案されているが，これらは，評価対象を大きく2種類に分けてから定義する方がわかりやすい．1つは**非修理系**と呼ばれ，もう1つは**修理系**と呼ばれる．

非修理系は，文字通り修理を前提としないアイテムであり，たとえば人工衛星に搭載した測定器などが該当する．今のところ人工衛星に人を送り込むことは極めて困難なので，測定器が故障しても修理できないからである．人を送り込むことが可能である場合，故障しても修理を行うことができる．このようなアイテムを修理系と呼ぶ．

(1)　非修理系の評価尺度　非修理系の場合，アイテムは最初は正常であり，時間が経過すると，いずれ故障する．これを図5.6のように表す．

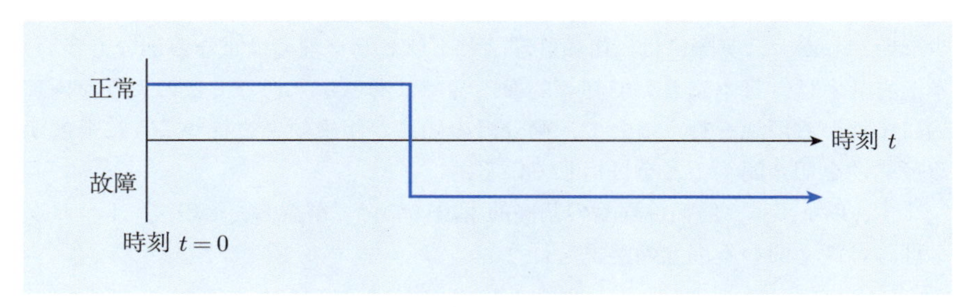

図5.6　非修理系の正常と故障

アイテムを設置してから，故障するまでの時間を確率変数 X とかくとき，X の平均値を **MTTF**（Mean Time To Failure）と呼び，MTTF の逆数を**故障率**と呼ぶ．また，X が t よりも大きくなる確率を $P(X > t)$ とかき，時刻 t の**信頼度**と呼び，$R(t)$ とかく．$R(t)$ は明らかにアイテムが時刻 t まで生き残り，時刻 t の時点で正常である確率を意味する．逆に，時刻 t までに故障する確率は**不信頼度**と呼ばれ，$F(t)$ と記述される．容易に

$$F(t) = 1 - R(t) = P(X < t)$$

であることがわかる．これらを評価尺度として，信頼性の改善の効果を評価する．

代表的な信頼性の改善は**冗長化**（redundancy）と呼ばれる．これは，装置をあらかじめ複数用意しておき，日常的に使用しているアイテム（現用）が故障しても，他の装置（予備）が故障していなければ，信頼性が向上したと考える（図5.7参照）．

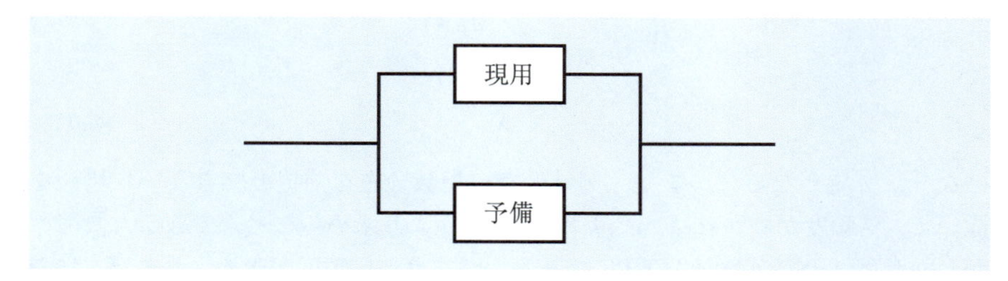

図5.7　冗長化

いま，2つのアイテムがあり，1つが現用，もう1つが予備であるとする．それぞれの信頼度を $R(t)=0.999$ であるとすると，両アイテムが同時に故障しない限り，サービスは継続されているので，全体としての信頼度は

$$
\begin{aligned}
1-(\text{両アイテムが同時に故障している確率}) &= 1-(1-R(t))(1-R(t)) \\
&= 1-(1-0.999)(1-0.999) \\
&= 0.999999
\end{aligned}
$$

と計算される．つまり，信頼度という評価尺度の下で，冗長化による信頼性向上の程度が定量化された（評価された）ことになる．十分な信頼性があることを，信頼度が基準値を超えることとする．たとえば基準値を 0.99999 とすれば，上記例において冗長化なしのときには基準値を満足しないが，1つの予備を設置すれば基準値を満足し，十分な信頼性が確保できたと考える．

信頼度以外の評価尺度である不信頼度，故障率，MTTF についての評価は，信頼度 $R(t)$ の評価から，以下のように容易に実行することができる．

まず，不信頼度 $F(t)$ は，$1-R(t)$ で評価できる．次に，故障率については以下の式（信頼性の基本式）が知られている．一般には，故障率は時間とともに変化し，時刻 t の関数となるので以下の式では，故障率を $\lambda(t)$ とかいている．

$$
\lambda(t)=\frac{-\frac{dR(t)}{dt}}{R(t)} \tag{5.3}
$$

上式は，アイテムを設置してから故障するまでの時間（確率変数 X）の確率分布がどのような分布であっても，$R(t)$ が微分可能であるならば成立する．しかし，実際には，トラヒック理論において顧客の到着間隔を指数分布とすることが通常であることと同様に，X の確率分布は指数分布を前提とするのが通常である．この場合，$R(t)=e^{-\lambda t}$ であることは容易にわかる（λ は定数）．式 (5.3) より，故障率は

$$\lambda(t) = \frac{-\frac{dR(t)}{dt}}{R(t)} = \lambda \tag{5.4}$$

となり，一定となる．つまり，例外的な（指数分布を前提とできない）場合を除いて，信頼度がわかれば，故障率は式(5.4)より求めることができる．故障率がわかれば，その逆数がMTTFである．つまり，信頼度が求められれば，他の尺度，故障率とMTTFは全て簡単に求めることができる．

(2)　修理系の評価尺度　修理系においては，図5.6の代わりに図5.8のように表される．つまり，修理系では，正常と故障の関係が一方的ではなく，一方から他方へ，および，その逆の変化が継続的に発生する．

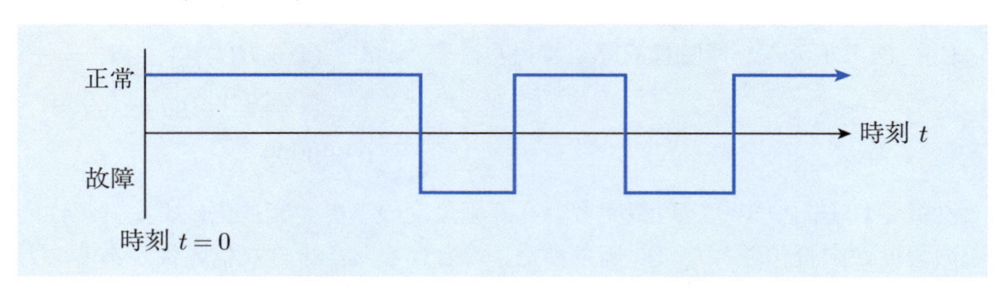

図5.8　修理系の正常と故障

このとき，以下の評価尺度がよく利用される．

- **MTBF**（Mean Time Between Failure）：故障から回復した後，次に故障するまでの平均時間
- **MTTR**（Mean Time To Repair）：故障してから，回復するまでの平均時間

図5.9にMTBFとMTTRのイメージを図示する．

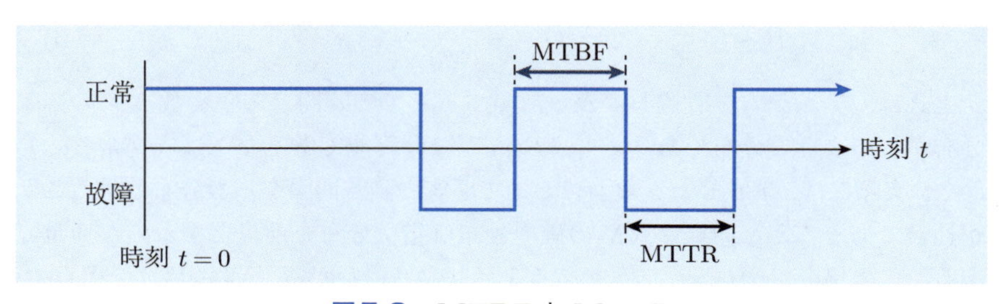

図5.9　MTBFとMTTR

さらに，以下の評価尺度も利用される．

- **故障率：** $\dfrac{1}{\mathrm{MTBF}}$
- **修理率：** $\dfrac{1}{\mathrm{MTTR}}$
- **アベイラビリティ：** $\dfrac{\mathrm{MTBF}}{\mathrm{MTBF}+\mathrm{MTTR}}$
- **アンアベイラビリティ：** $\dfrac{\mathrm{MTTR}}{\mathrm{MTBF}+\mathrm{MTTR}}$
- **故障頻度：** $\dfrac{1}{\mathrm{MTBF}+\mathrm{MTTR}}$

故障率は，非修理系と修理系でも定義される．アベイラビリティは，ランダムにそのアイテムを観察した時点において，アイテムが正常である確率である．アンアベイラビリティは，観察した時点で故障している確率である．アベイラビリティは，通常，**稼働率**や**可用性**と呼ばれることが多いが，JIS 規格に準拠し，本テキストでは，アベイラビリティと呼ぶ．アンアベイラビリティは**不稼働率**と呼ばれることも多い．

故障頻度は，単位時間当たりの故障発生件数の平均である．つまり，故障頻度が 0.0001 /年と算出されれば，故障が 1 万年に 1 回起きることを意味する．この評価尺度は，アベイラビリティやアンアベイラビリティに比べ，わかりやすいことが指摘されていたが，最近まで利用されることは少なかった．これは，評価するための数理技術が未発達で，大規模な通信ネットワークの故障頻度評価ができなかったことによる．しかし，最近，故障頻度の評価のための数理技術が急速に進歩してきたことと，ユーザが故障発生件数に敏感であるとの調査結果を踏まえ，重要性が再認識されている．

アンアベイラビリティはアベイラビリティから容易に求めることができる．

$$\text{アンアベイラビリティ} = 1 - \text{アベイラビリティ}$$

これらと故障頻度から，MTBF, MTTR，故障率は容易に導くことができる．具体的には，以下の式で求められる（これらは各評価尺度の定義から容易に導くことができる）．

$$\mathrm{MTBF} = \frac{\text{アベイラビリティ}}{\text{故障頻度}}$$

$$\mathrm{MTTR} = \frac{\text{アンアベイラビリティ}}{\text{故障頻度}}$$

$$\text{故障率} = \frac{\text{故障頻度}}{\text{アベイラビリティ}}$$

つまり，実際上，修理系においては，アベイラビリティと故障頻度を求められれば，必要な評価尺度をすべて求められる．

例題5.3

アベイラビリティが0.999，故障頻度が0.00999であるとき故障率を算出せよ．

【解答】 この例題は

$$\text{故障率} = \frac{\text{故障頻度}}{\text{アベイラビリティ}} = \frac{0.00999}{0.999} = 0.01$$

で解決できる．■

次項以降で述べる具体的な信頼性評価尺度の算出法（**信頼性解析**）の解説においては，アベイラビリティと故障頻度についてのみ述べている．これは，他の信頼性評価尺度は，上記のように簡単に求められるからである．

(3) 信頼性設計　通信ネットワークの信頼性を向上させるためには，その設計時に信頼性を十分考慮に入れることが必要不可欠である．これを**信頼性設計**と呼ぶ．信頼性設計は次の手順に従う．

手順1.　信頼性の観点から通信ネットワークの特性を把握する．
手順2.　適切な信頼性評価尺度を選定する．
手順3.　信頼性目標値を設定する．
手順4.　通信ネットワークをモデル化し，モデル上で想定される信頼性対策を列挙する．
手順5.　各信頼性対策の効果を評価する．
手順6.　信頼性以外の要因も踏まえて総合評価を行い，最適な信頼性対策を実行する．
手順7.　手順1～6を繰り返す．

手順1では，たとえば，一度でも故障が起きると致命的な結果となるのか，故障が頻発しても問題にならないのか，規模の大きい故障（多くのユーザが迷惑を被る故障）を避けることが重要なのか，規模に関わらず故障の発生が問題なのかなどを把握する．

手順2では，手順1を踏まえ，信頼性評価尺度を選択する．通信ネットワークは修理が行われることは明らかであるので，通常(2)で述べた修理系の信頼性評価尺度から選択を行う．多くの場合，アベイラビリティが利用されてきたが，1度でも故障が起きると致命的な場合，アベイラビリティは，必ずしも適切ではない．アベイラビリティは，故障が頻発しても，修理が十分速ければ，信頼性が良いと判断されることがあるからである．また，たとえアベイラビリティを採用しても，故障の定義によって評価尺度の実際の値は異なったものになる．たとえば，規模が大きい故障が問題となる場合，規模（故障時に迷惑を被るユーザ数など）別にアベイラビリティを定義する場合がある．この場合，1万人以上のユーザが迷惑を被ることを故障とした場合のアベイラビリティと，千人以上のユーザが迷惑を被る事態を故障とした場合のアベイラビリティは異なる値となり，異なる評価尺度と考えることもできる．このように，手順1を十分実行した上で手順2を実行しなければ，不適切な信頼性評価尺度を選択する可能性がある．

手順3では信頼性にも目標値を設定する．アベイラビリティの場合，**ファイブナイン**と呼ばれる0.99999が目標値とされる場合が多いが，通常は，これまで実際にサービスが行われた事例を収集するなどして，サービスに影響がないと認められる値を設定する．

手順4では，**信頼性ブロック図**と呼ばれる図を描き，通信ネットワークをモデル化する．以下，信頼性ブロック図とモデルについて，詳細に解説する．

2つのアイテムがあり，1つでも故障すると全体が故障する場合，**直列モデル**と呼ばれ，図5.10のように描かれる．

2つのアイテムのうち1つが故障しても他方が正常であれば，全体は故障しない場合，**並列モデル**と呼ばれ，図5.11のように描かれる．

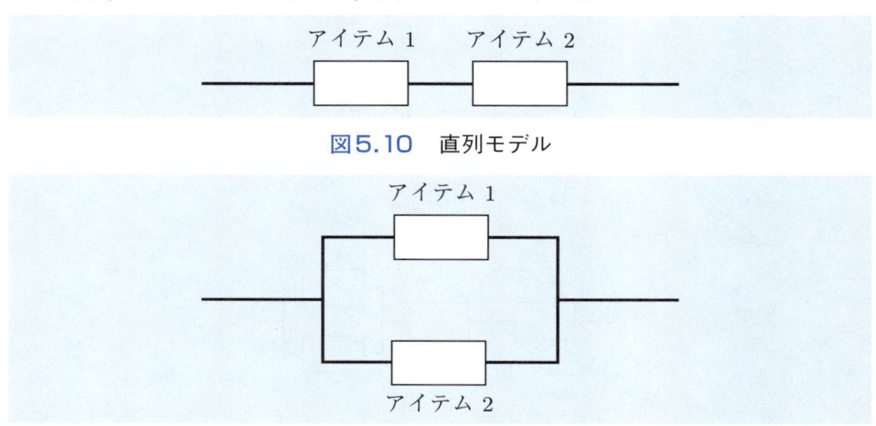

図5.10　直列モデル

図5.11　並列モデル

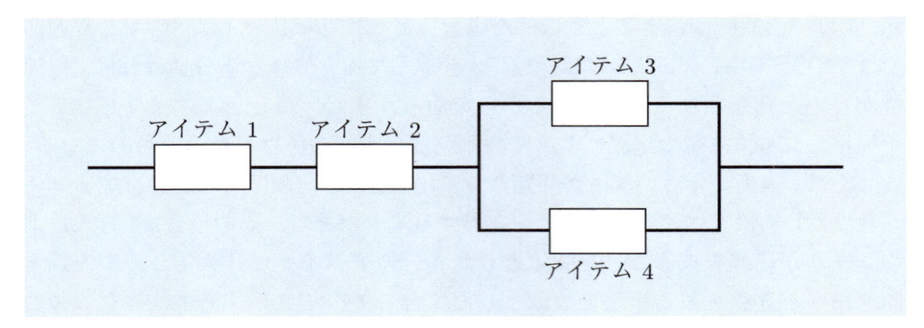

図5.12　直並列モデル

直列モデルと並列モデルを組み合わせたモデルを**直並列モデル**と呼ぶ．例を図5.12に示す．

このような信頼性ブロック図を描くことで，故障発生のメカニズムを明確にする．また，各種信頼性対策を，信頼性ブロック図で表現することができる．たとえば一部のアイテムに予備を設置して冗長化する場合，当該部分を並列モデルで描けばよい．

もちろん，通信ネットワークは必ずしも直列，並列，直並列モデルで表されるわけではない．このようなモデルのうち代表的であるのは，$\boldsymbol{k}$ **out-of** $\boldsymbol{N{:}G}$ **系**と呼ばれる構成である．これは，N 個のアイテムのうち，k 個が正常であれば全体が正常であるとするモデルである．

また，直列，並列，k out-of$N$: G 系でもない，図5.14や図5.15のような構成もある．これらは一般に**ネットワークモデル**と呼ばれる．

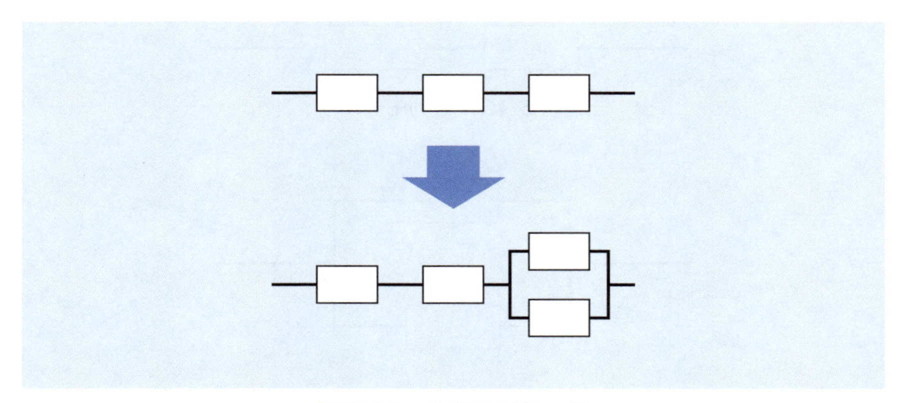

図5.13　信頼性対策の例

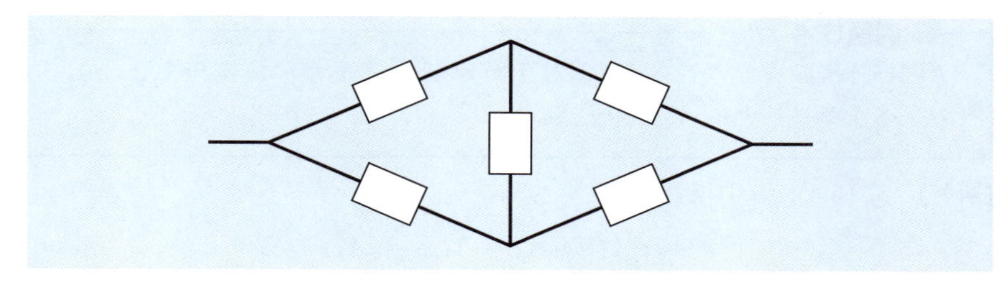

図5.14 ブリッジ

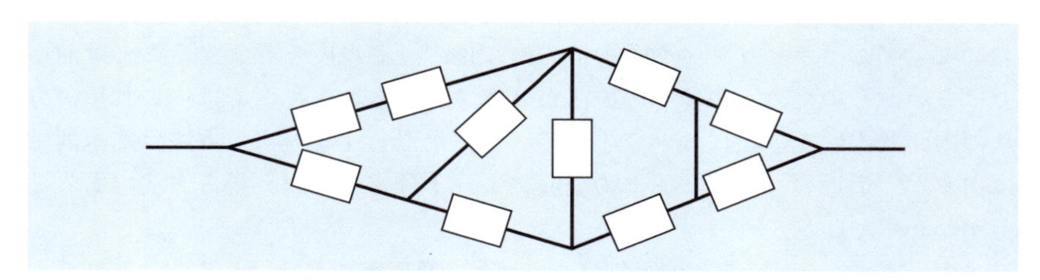

図5.15 複雑な構成

以上，信頼性ブロック図とモデルについて述べた．

手順5では，手順4で作成したモデルにおいて，信頼性を評価する．この評価のことを**信頼性解析**と呼ぶ．これについては，次項で詳細を述べる．

手順6では，手順5の評価結果と信頼性以外の要因（コスト，伝送品質，呼損率，その他）に関する他の専門家と相談しながら，最善の通信ネットワーク構成を明らかにする．

5.2.3 信頼性解析

直列モデルの場合，そのアベイラビリティ A は，各アイテムのアベイラビリティ A_1, A_2 から，以下の式で評価できる．

$$A = A_1 A_2 \tag{5.5}$$

並列モデルの場合は，各アイテムのアベイラビリティ A_1, A_2 から，以下の式で評価できる．

$$A = 1 - (1 - A_1)(1 - A_2) = A_1 + A_2 - A_1 A_2 \tag{5.6}$$

直並列モデルの場合，式 (5.5), (5.6) を繰り返して，アベイラビリティを評価できる．

例題5.4

図5.12 の場合のアベイラビリティ A を，アイテム i $(i = 1, 2, 3, 4)$ のアベイラビリティ A_i を用いて表せ．

【解答】 式 (5.5), (5.6) を用いて

$$A = A_1 A_2 (A_3 + A_4 - A_3 A_4)$$

である．

直並列モデルではない場合，つまり k out-of N:G 系やネットワークモデルにおいて，アベイラビリティやその他の信頼性の評価尺度を評価することは簡単ではない．そのため，数多くの方法が研究されてきた．ここでは，これらの方法の内，基本的な方法についてのみ述べる．ただし，紹介する方法は基本的ではあるが，最近のコンピュータの発展により十分実用に耐え得る方法であることがわかっている．

まず，アベイラビリティの評価については，**真理表法**と呼ばれる方法が知られている．これは，まず，通信ネットワークを構成するアイテムに番号 $1, 2, \ldots, n$ を与え，$x_i (i = 1, 2, \ldots, n)$ を以下のような値をとる変数と定義する．

アイテム i が正常であれば　$x_i = 1$

アイテム i が故障していれば　$x_i = 0$

そして，x_i を並べた $(x_1, x_2, \ldots, x_n)$ を**状態**と呼ぶ（トラヒック理論で述べた「状態」との関連を 5.3.1 項で説明する）．たとえば，アイテムが 3 つあれば

$$(1, 1, 1), (1, 1, 0), (1, 0, 1), (0, 1, 1), (0, 0, 1), (0, 1, 0), (1, 0, 0), (0, 0, 0)$$

の 8 つの状態がある．各状態が実現したとき，通信ネットワークが正常であるか，故障しているかの関係を表す表を**真理表**と呼ぶ．たとえば，2 out of 3: G 系の場合，表5.1 のような真理表が得られる．表中，通信ネットワークの正常・故障の欄の数値が 1 ならば，対応する状態の下で通信ネットワークは正常であり，0 であるならば通信ネットワークは故障であることを意味する．ある状態の下で，通信ネットワークが正常であるとき，その状態を**正常状態**と呼び，通信ネットワークが故障しているとき，**故障状態**と呼ぶ．

真理表に基づいて正常状態を列挙し，各状態が実現する確率（状態確率）を総和すれば，通信ネットワークが正常な確率，すなわち，アベイラビリティが算出される．

表5.1　真理表

状態			通信ネットワークの正常・故障
1	1	1	1
1	1	0	1
1	0	1	1
0	1	1	1
0	0	1	0
0	1	0	0
1	0	0	0
0	0	0	0

表5.1 の場合，正常状態は，以下の通りである．

$$(1,1,1), \quad (1,1,0), \quad (1,0,1), \quad (0,1,1)$$

アイテム 1, 2, 3 のそれぞれのアベイラビリティを A_1, A_2, A_3 とすると

- 状態 $(1,1,1)$ が実現する状態確率：$A_1A_2A_3$
- 状態 $(1,1,0)$ が実現する状態確率：$A_1A_2(1-A_3)$
- 状態 $(1,0,1)$ が実現する状態確率：$A_1(1-A_2)A_3$
- 状態 $(0,1,1)$ が実現する状態確率：$(1-A_1)A_2A_3$

である．結局，表5.1 の場合，通信ネットワークのアベイラビリティ A は

$$A = A_1A_2A_3 + A_1A_2(1-A_3) + A_1(1-A_2)A_3 + (1-A_1)A_2A_3 \quad (5.7)$$

で評価できる．つまり，評価したいモデルにおいて真理表を作成し，正常状態の状態確率を合計することでアベイラビリティを評価することができる．

また，故障状態の状態確率を合計すれば，明らかにアンアベイラビリティを評価することもできる．表5.1 の場合，アンアベイラビリティは

$$(1-A_1)(1-A_2)A_3 + (1-A_1)A_2(1-A_3) + A_1(1-A_2)(1-A_3) \\ + (1-A_1)(1-A_2)(1-A_3)$$

で評価できる．1 からアンアベイラビリティを引けば，アベイラビリティを評価できる．

ただし，真理表を用いる場合，アイテム数が増えれば，状態の数が指数関数的に増大することは明らかである．高速コンピュータを用いたとしても大規模な通信ネットワークのアベイラビリティを評価することは，評価に要する時間の観点から困難となる．

そこで，近似評価法が必要となる．通常，通信ネットワークを構成する 1 つ

1 つの設備・機器のアベイラビリティは通常 0.9999 などのほぼ 1 に近い値を示すことが多い．これを踏まえ，一定数以上の個数のアイテムが同時に故障している確率は極めて小さいと想定して近似する方法がよく利用される．たとえば，4 つのアイテムからなる通信ネットワークのアベイラビリティが真理表により

$$
\begin{aligned}
A = A_1A_2A_3A_4 &+ (1-A_1)A_2A_3A_4 + A_1(1-A_2)A_3A_4 + A_1A_2(1-A_3)A_4 \\
&+ A_1A_2A_3(1-A_4) + (1-A_1)A_2(1-A_3)A_4
\end{aligned}
$$

で評価できるとする．もし，$A_1 = A_2 = A_3 = A_4 = 0.9999$ とすると，上記右辺の値は，0.99999995 となる．しかし，上式中，複数の故障が発生している状態に対応する $(1-A_1)A_2(1-A_3)A_4$ を無視しても

$$
\begin{aligned}
&A_1A_2A_3A_4 + (1-A_1)A_2A_3A_4 + A_1(1-A_2)A_3A_4 \\
&\quad + A_1A_2(1-A_3)A_4 + A_1A_2A_3(1-A_3) \\
&\quad = 0.99999994
\end{aligned}
$$

となり，比較的近い値が得られる．

図5.16 のブリッジの場合，本来真理表を作成すると $2^5 = 32$ 個の状態を含む．しかし，3 つ以上のアイテムの同時故障を無視すると，真理表は，表5.2 のようになり，15 個の状態を列挙すればよい．

実際の通信ネットワークで 5 個，6 個などのアイテムが同時故障する確率は極めて小さい．相当大規模な通信ネットワークのモデルにおいても，5, 6 個以上のアイテムの同時故障を無視する近似をソフトウェアで実現すれば，アベイラビリティは精度よく高速に評価できる．この近似にともなう近似精度も算出することができる．

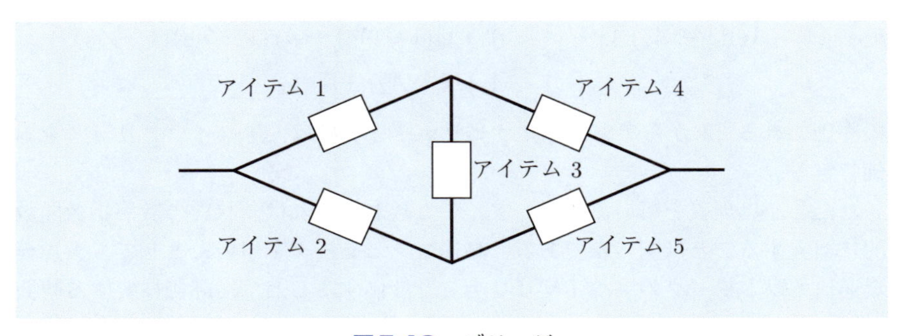

図5.16　ブリッジ

表5.2 ブリッジの場合の近似

状態					通信ネットワークの正常・故障
1	1	1	1	1	1
1	1	1	1	0	1
1	1	1	0	1	1
1	1	0	1	1	1
1	0	1	1	1	1
0	1	1	1	0	1
0	0	1	1	1	0
0	1	0	1	1	1
0	1	1	0	1	1
0	1	1	1	0	1
1	0	0	1	1	1
1	0	1	0	1	1
1	0	1	1	0	1
1	1	0	0	1	1
1	1	0	1	0	1
1	1	1	0	0	0

以上，アベイラビリティについての評価法を述べた．次に，アベイラビリティ以外の評価尺度についての評価法について述べる．

非修理系においては，信頼度の評価はアベイラビリティと同じ方法が利用できる（A_i を当該アイテムの信頼度とみなせば，通信ネットワークのアベイラビリティ A の算出式が，通信ネットワークの信頼度の算出式となる）．故障率，MTTF は，指数分布を前提とすれば，式 (5.4) より故障率を求めることができ，5.2.2 項の (1) より，故障率の逆数として MTTF を求めることができる．

修理系については，アベイラビリティと故障頻度から他の評価尺度は，定義式より容易に算出できる．故障頻度については，以下の方法でアベイラビリティの評価式を利用することで評価を行うことができる．

まず，アイテム i のアベイラビリティ A_i と故障率 λ_i がわかっているとし，$\varphi(\cdot)$ で以下の行列を表すとする．

$$\text{定数 } d \text{ に対し} \quad \varphi(d) = \begin{bmatrix} d & 0 \\ 0 & d \end{bmatrix}$$

$$A_i \text{ に対し} \quad \varphi(A_i) = \begin{bmatrix} A_i & 0 \\ A_i\lambda_i & A_i \end{bmatrix}$$

いま，通信ネットワークが n 個のアイテムから構成され，各アイテムのアベイラビリティが $A_1, A_2, \ldots, A_n$ とし，通信ネットワークのアベイラビリティ A が $A_1, A_2, \ldots, A_n$ から一定の評価式で評価できるとする（真理表などを用いる）．

この評価式中の定数と A_i を $\varphi(\cdot)$ を用いて置き換えて得られた行列の式を計算すれば2行2列の行列が得られるが，この2行1列目の値が，通信ネットワークの故障頻度となる．たとえば

$$A = A_1A_2 + (1 - A_1)A_2 + A_1(1 - A_2)$$

であるならば

$$\begin{aligned}
&\varphi(A_1)\varphi(A_2) + (\varphi(1) - \varphi(A_1))\varphi(A_2) + \varphi(A_1)(\varphi(1) - \varphi(A_2)) \\
&= \begin{bmatrix} A_1 & 0 \\ A_1\lambda_1 & A_1 \end{bmatrix} \begin{bmatrix} A_2 & 0 \\ A_2\lambda_2 & A_2 \end{bmatrix} + \left(\begin{bmatrix} 1 & 0 \\ 0 & 1 \end{bmatrix} - \begin{bmatrix} A_1 & 0 \\ A_1\lambda_1 & A_1 \end{bmatrix} \right) \begin{bmatrix} A_2 & 0 \\ A_2\lambda_2 & A_2 \end{bmatrix} \\
&\qquad + \begin{bmatrix} A_1 & 0 \\ A_1\lambda_1 & A_1 \end{bmatrix} \left(\begin{bmatrix} 1 & 0 \\ 0 & 1 \end{bmatrix} - \begin{bmatrix} A_2 & 0 \\ A_2\lambda_2 & A_2 \end{bmatrix} \right)
\end{aligned}$$

を計算し，得られた2行2列の行列の2行1列目の値が，通信ネットワークの故障頻度となる．

例題5.5

上記例で，$A_i = 0.9999$, $\lambda_i = 0.02$ の場合の故障頻度を算出せよ．

【解答】 上式に，$A_i = 0.9999$, $\lambda_i = 0.02$ を代入すれば，以下の行列が得られる．

$$\begin{bmatrix} 0.99999999 & 0 \\ 0.0000039996 & 0.99999999 \end{bmatrix}$$

この場合，通信ネットワークの故障頻度は 0.0000039996 となる．■

このような行列計算は，たとえば **MATLAB**（高機能計算ソフトウェアの1つ）を用いれば容易に実行できる．

このように，例外的な場合（故障が指数分布ではない場合や次節で述べる場合など）を除いて，直列モデル，並列モデル，直並列モデル，k out-of N:G 系，ネットワークモデルの信頼性評価が可能である．なお，故障頻度については，5.3.3 項で，より一般的な方法について解説する．

5.3　トラヒック理論による解析に類似した信頼性解析

5.2 節では，信頼性設計手順と，その実行の鍵となるモデル化と，信頼性評価尺度に基づく評価法を解説した．しかし，5.2 節においては，以下の暗黙の前提を置いていた．

前提 1.　各アイテムの故障は互いに独立である．
前提 2.　修理系において，修理人は十分な人数が確保されている．

前提 1 は必ずしも現実的ではない．たとえば，雷などにより，数年に一度，複数の同時故障が発生するからである．この場合，並列モデルなどを用いて冗長化を行っている場合でも，アベイラビリティは，前章で述べた評価法に基づく結果よりも低い値になっているはずである．このような場合，つまり，雷による同時故障が，たとえば 10 年に 1 度発生するとし，並列モデルを用いる場合において，アベイラビリティはどのように評価すればよいかという問題を考える必要がある．

前提 2 もまた必ずしも現実的ではない．コストの観点から人件費の削減は重要であり，本来は各アイテムごとに専用の修理人を配置すべきところ，数台に 1 人しか配置できない場合は多い．また，修理拠点の集約により，修理人が故障アイテムに駆けつける時間が大きくなり，これによって MTTR の増大と修理率の低下が引き起こされることになる．つまり，修理人数の変化や駆けつけ時間の変化を考慮した場合のアベイラビリティを評価し，その変化を把握する問題を考える必要がある．

これらの問題を考えるとき，トラヒック理論で用いた状態遷移の考え方と確率計算が重要となる．

5.3.1　信頼性理論における状態遷移

5.2 節で述べた真理表の解説において，「状態」という言葉を用いた．これは，トラヒック理論について解説した際に用いた状態と同じように扱うことができる．各アイテムは，正常と故障の間を遷移する．アイテムが 2 つあれば，各アイテムの正常・故障の遷移によって，4 つの状態 (1,1), (1,0), (0,1), (0,0) 間に遷移が発生する．アイテム 1 の故障率を λ_1 とすれば，(1,1) から (0,1) への遷移率は λ_1 である．同様にして，アイテム 2 の故障率を λ_2，アイテム 1 の修理

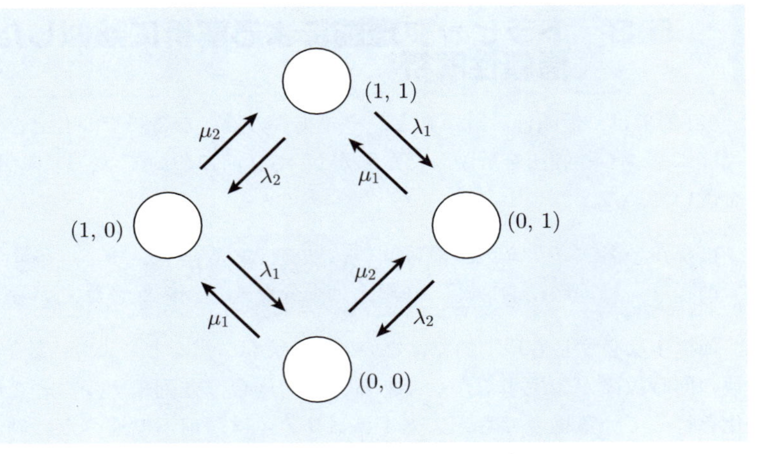

図5.17　2つのアイテムにおける状態遷移図1

率を μ_1，アイテム2の修理率を μ_{12} とすると（遷移，遷移率については5.1.3項の(1)参照），4つの状態間の状態遷移図をトラヒック理論の場合と同様に，図5.17のように描くことができる．

ここで，$\lambda_1 = \lambda_2 = \lambda$, $\mu_1 = \mu_2 = \mu$ である場合，(1,0)の状態と(0,1)の状態は，2つのアイテムの内の1つが故障しているという状態である．区別する意味がなくなることから，図5.17の状態遷移図を「両アイテムが正常」，「1つのアイテムが故障」，「両アイテムが故障」の3つの状態間の状態遷移図（図5.18参照）に描き直すことがしばしば行われる．

この場合，「両アイテムが正常」から「1つのアイテムが故障」への遷移は，いずれのアイテムの故障によっても引き起こされるので，その遷移率は 2λ と考えられる．図5.18中の遷移率は，同様な考え方から導かれる．

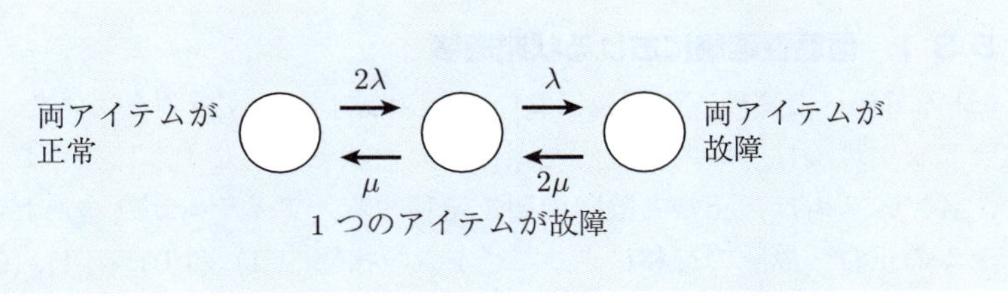

図5.18　2つのアイテムにおける状態遷移図2

5.3.2 状態遷移図に着目した信頼性解析法

図5.18 において，「両アイテムが正常」の状態の状態確率を P_1，「1 つのアイテムが故障」の状態の状態確率を P_2，「両アイテムが故障」の状態の状態確率を P_3 とすれば，トラヒック理論の場合と同様にして，長時間経過後の状態間の遷移の均衡により

$$P_1 \times 2\lambda = P_2 \times \mu$$

$$P_1 \times 2\lambda + P_3 \times 2\mu = P_2 \times (\lambda + \mu)$$

$$P_2 \times \lambda = P_3 \times 2\mu$$

が成立する．当然，$P_1 + P_2 + P_3 = 1$ であり，これらから

$$P_1 = \left(\frac{\mu}{\lambda + \mu}\right)^2, \quad P_2 = 2\left(\frac{\lambda}{\lambda + \mu}\right)\left(\frac{\mu}{\lambda + \mu}\right), \quad P_3 = \left(\frac{\lambda}{\lambda + \mu}\right)^2$$

となる．

2 つのアイテムが，直列モデルであれば，両アイテムが正常であるとき，かつ，そのときに限り全体が正常なので，全体が正常である確率，つまり，全体のアベイラビリティは

$$P_1 = \left(\frac{\mu}{\lambda + \mu}\right)^2 \tag{5.8}$$

に等しい．並列モデルにおいても同様に考えて，そのアベイラビリティは

$$P_1 + P_2 = \left(\frac{\mu}{\lambda + \mu}\right)^2 + 2\left(\frac{\lambda}{\lambda + \mu}\right)\left(\frac{\mu}{\lambda + \mu}\right) \tag{5.9}$$

で評価できる．つまり，真理表を用いなくても状態遷移図を描くことができれば，アベイラビリティを評価することができる．実際，5.2.2 項の (2) で述べたアベイラビリティの定義から，各アイテムのアベイラビリティは $\left(\frac{\mu}{\lambda+\mu}\right)$ であることは容易にわかり，真理表より式 (5.8), 式 (5.9) の正当性は導くことができる．

(1) アイテム数が多い場合 アイテム数が 3 の場合，$2^3 = 8$ の状態数があり，アイテム数が 4 の場合 $2^4 = 16$ の状態数がある．それらの状態遷移図を，図5.19 に示す（遷移率は省略）．

このように状態遷移図を描いた上で，いずれの状態が正常状態であるかを定義すれば，正常状態の状態確率を合計することでアベイラビリティを求めることができる．

たとえば，いま，信頼性ブロック図が 図5.20 のように与えられたとする．

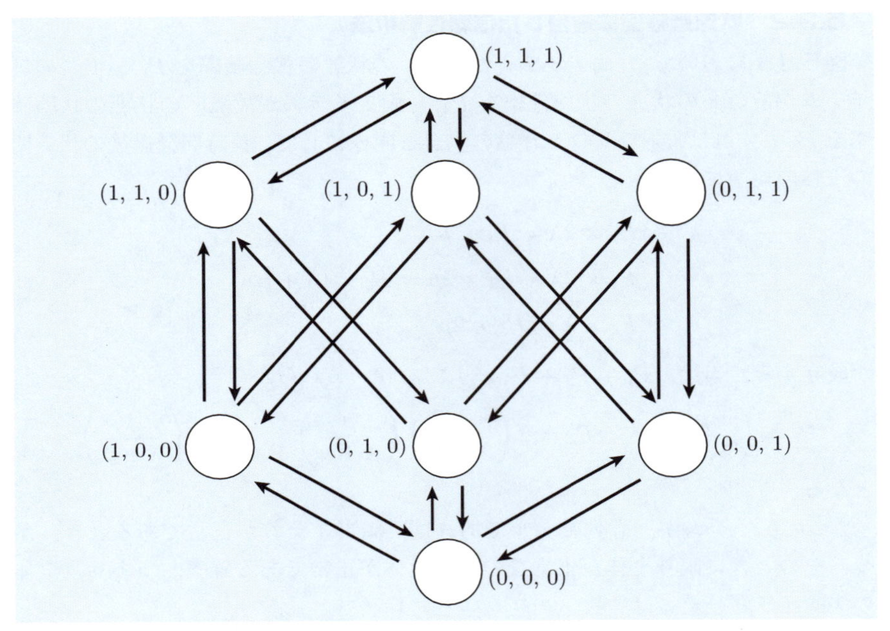

図5.19　アイテム数が3の場合の状態遷移図1

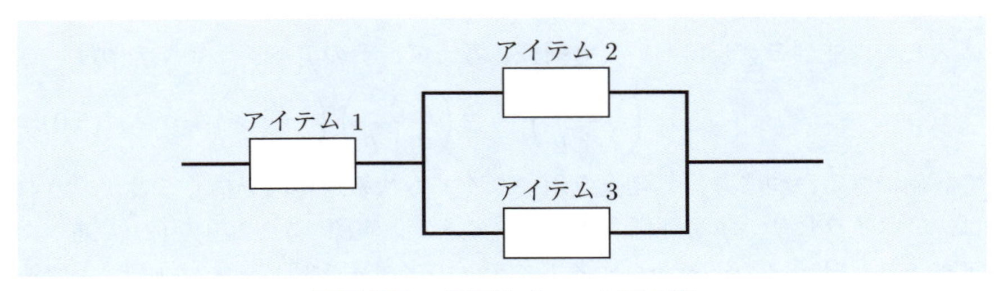

図5.20　信頼性ブロック図の例

このとき，状態遷移図における正常状態は図5.21のようになり，これらの状態確率を合計すればアベイラビリティが算出される．

当然，アイテム数の増大によって状態数は指数関数的に増大するが，評価対象の特殊性，たとえば，各アイテムの故障率はすべて同一値 λ，修理率もすべて同一値 μ のときには，図5.17から図5.18を作成した場合と同様にして状態数を減らすことができる．

この条件の下で，アイテム数が3の場合，状態遷移図は図5.22のようになる．アイテム数が4の場合，状態遷移図は図5.23のようになる．

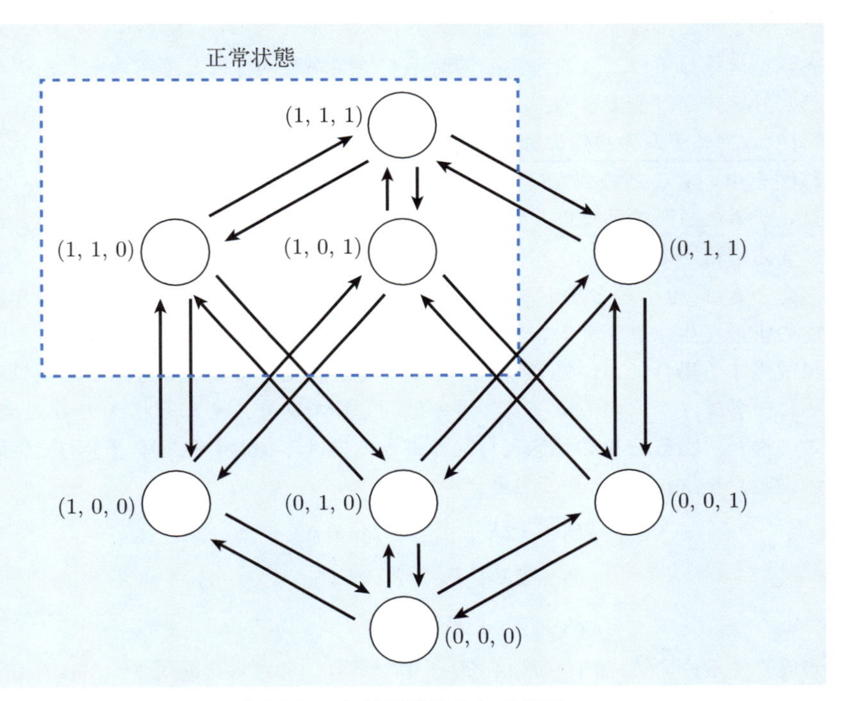

図5.21 状態遷移図と正常状態

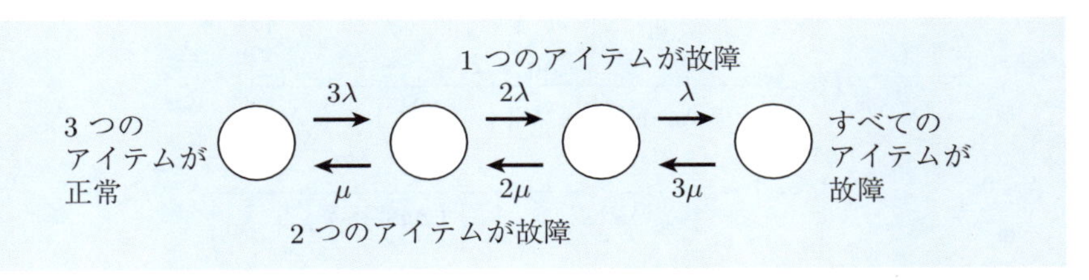

図5.22 アイテム数が 3 の場合の状態遷移図 2

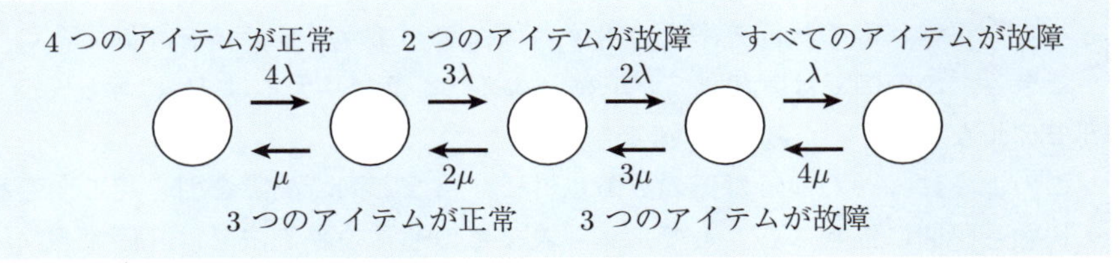

図5.23 アイテム数が 4 の場合の状態遷移図 2

このように，各アイテムの故障率がすべて同一，修理率もすべて同一ならば，各状態確率はトラヒック理論の即時系や待時系と同様にして求められ，アベイラビリティが評価できる．

(2) アイテムの故障の独立性が保障されない場合 真理表ではなく，状態遷移図を用いることの利点の 1 つは，真理表を用いた方法で前提としていた「各アイテムの故障の独立性」が保障されない場合でも，アベイラビリティを評価できる点にある．

たとえば，2 つのアイテムが，通常の運用では**独立故障**ではあるが，数年に一度の雷の発生（ランダムに発生，すなわち発生間隔は指数分布）によって同時に故障する場合においてアベイラビリティを評価することを考える．簡単のために，各アイテムの故障率と修理率は同じ値であり，それぞれ λ と μ とする．この場合，**図 5.24** の状態遷移図のように描ける．雷の発生率（平均発生間隔の逆数）を λ_0 とする．この場合

$$P_1 \times (2\lambda + \lambda_0) = P_2 \times \mu$$

$$P_1 \times 2\lambda + P_3 \times 2\mu = P_2 \times (\lambda + \mu)$$

$$P_1 \times \lambda_0 + P_2 \times \lambda = P_3 \times 2\mu$$

が成立する．当然，$P_1 + P_2 + P_3 = 1$ であり，これらを満足する解は存在し

$$P_1 = \frac{1}{1 + \frac{\lambda_0+2\lambda}{\mu} + \frac{1}{2\mu}\left\{\left(\frac{\lambda_0+2\lambda}{\mu}\right)\lambda + \lambda_0\right\}}$$

$$P_2 = \frac{\lambda_0 + 2\lambda}{\mu + \lambda_0 + 2\lambda + \frac{1}{2}\left\{\left(\frac{\lambda_0+2\lambda}{\mu}\right)\lambda + \lambda_0\right\}}$$

$$P_3 = 1 - \frac{1}{1 + \frac{\lambda_0+2\lambda}{\mu} + \frac{1}{2\mu}\left\{\left(\frac{\lambda_0+2\lambda}{\mu}\right)\lambda + \lambda_0\right\}} - \frac{\lambda_0 + 2\lambda}{\mu + \lambda_0 + 2\lambda + \frac{1}{2}\left\{\left(\frac{\lambda_0+2\lambda}{\mu}\right)\lambda + \lambda_0\right\}}$$

となる．正常状態の状態確率を合計すれば，アベイラビリティを評価することができる．この例では，直列モデルならばアベイラビリティは P_1 に等しく，並列モデルならば $P_1 + P_2$ で評価できる．

このように，いわゆる機器の故障以外に，雷など同時故障を引き起こす遷移を状態遷移図に描きこむことで，真理表などの通常の評価法では評価できないモデルについての解析が可能となる．

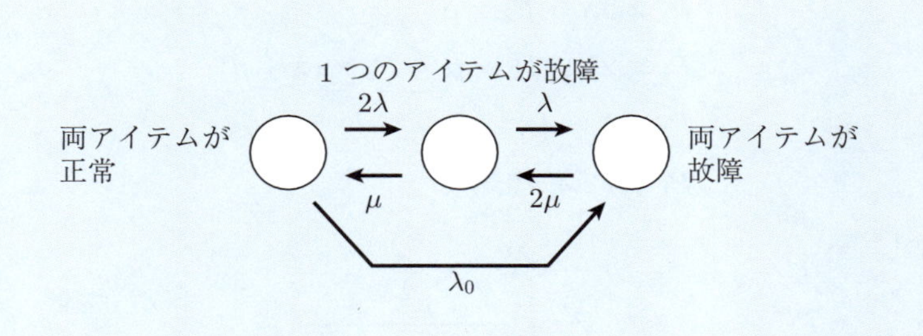

図5.24　雷の発生を考慮した状態遷移図

(3)　**修理人の変更**　図5.18は，アイテム数が2で，各アイテムの故障率が同一，修理率も同一の場合の状態遷移図である．しかし，この状態遷移図では，暗黙の前提として，修理を行う修理人の数が十分確保されているとしている．

もし，修理人が1人であるとすると，「両アイテムが故障」から「片方のアイテムが故障」への遷移率は 2μ とはならない．なぜならば，修理人が1人の場合「両アイテムが故障」の状態では，2つのアイテムを同時に修理することができず，つまり，1つのアイテムのみの修理が実態なので，遷移率は μ となる．つまり，状態遷移図は図5.25のようになる．この場合

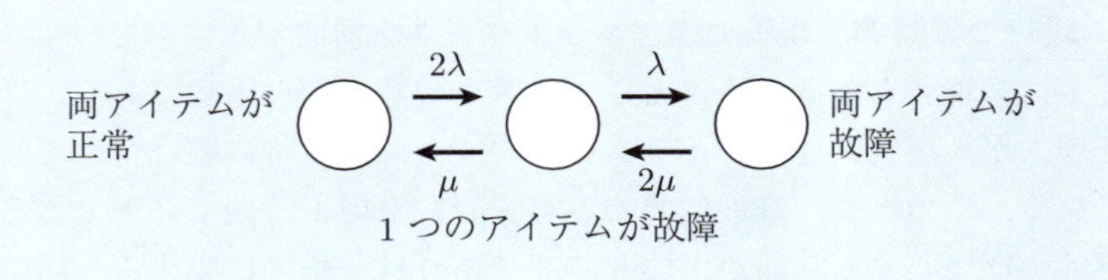

図5.18　2つのアイテムにおける状態遷移図2（再掲）

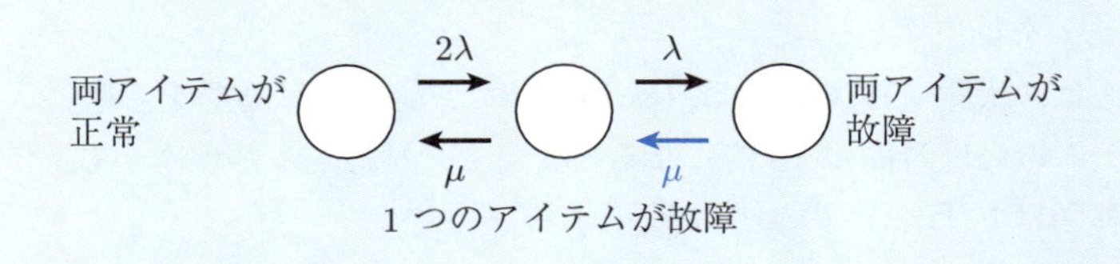

図5.25　修理人が1人の場合の状態遷移図

$$P_1 \times 2\lambda = P_2 \times \mu$$
$$P_1 \times 2\lambda + P_3 \times \mu = P_2 \times (\lambda + \mu)$$
$$P_2 \times \lambda = P_3 \times \mu$$
$$P_1 + P_2 + P_3 = 1$$

が成立し

$$P_1 = \frac{\mu^2}{(\lambda + \mu)^2 + \lambda^2}$$
$$P_2 = \frac{2\lambda\mu}{(\lambda + \mu)^2 + \lambda^2}$$
$$P_3 = \frac{2\lambda^2}{(\lambda + \mu)^2 + \lambda^2}$$

となる．モデルが直列モデルであれば，アベイラビリティは $\frac{\mu^2}{(\lambda+\mu)^2+\lambda^2}$ となる．

修理人が十分確保されていれば，このモデルのアベイラビリティは $\frac{\mu^2}{(\lambda+\mu)^2}$ であり，分母に λ^2 を加算した分だけアベイラビリティが低下している．通常，μ に比較して，λ は非常に小さい値を取ることが多く，修理人が1人になってもアベイラビリティが大きく低下することはないことがわかる．

このように，状態遷移図上の遷移率を変更することで，修理人の増減したときのアベイラビリティを評価することができる．

(4)　駆けつけ時間　現実の通信ネットワークを構成するすべてのアイテムのすぐ近くに修理人を配置することは，コストの観点から困難である．通常，少数の修理人が地理的に遠いアイテムについても，故障時に駆けつけて修理することになる．この場合，修理に要する実質的に平均1時間で修理できる場合でも，駆けつけに要する時間が平均9時間であれば，修理に要する平均時間，すなわち，MTTRは10時間である．つまり，修理率（$= \frac{1}{\mathrm{MTTR}}$）は駆けつけ時間を考えないときは1であるが，考えるならならば0.1に変更する必要がある．これに伴い，状態遷移図上の修理率を変更した後，状態確率を算出し，アベイラビリティを算出する．

たとえば，状態遷移図が図5.18において，駆けつけ時間を考慮に入れると，各アイテムの修理時間が10倍になるとすると，対応する修理率が0.1倍として，状態遷移図は図5.26のように変更する．

図5.18の場合において，$\lambda = 0.00001$ で $\mu = 1$ と $\mu = 0.1$ の場合を比較してみよう．

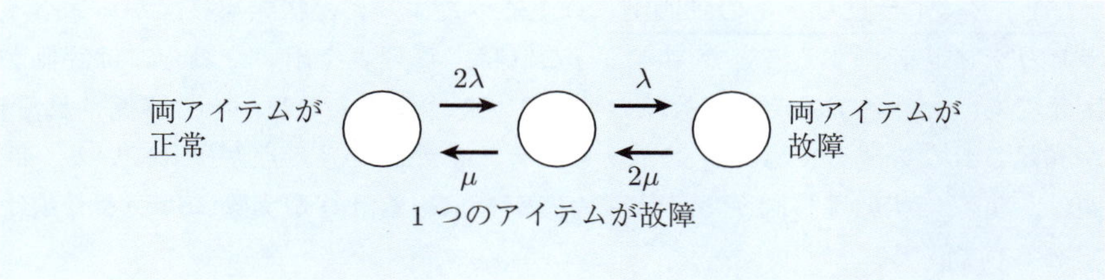

両アイテムが正常
2λ λ
両アイテムが故障
μ 2μ
1 つのアイテムが故障

図5.18　**2** つのアイテムにおける状態遷移図 **2**（再掲）

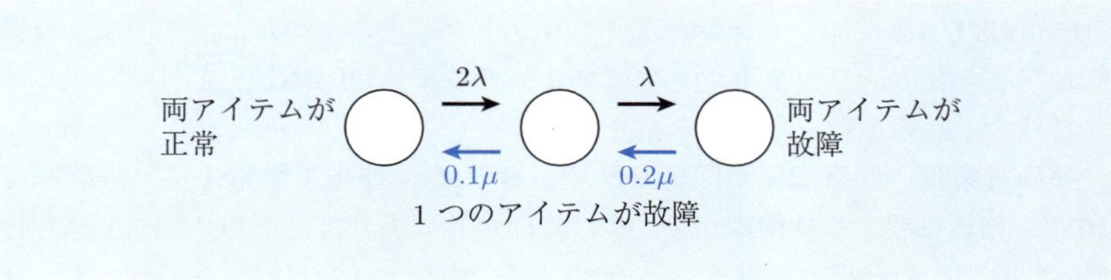

両アイテムが正常
2λ λ
両アイテムが故障
0.1μ 0.2μ
1 つのアイテムが故障

図5.26　図5.18 において修理時間が **10** 倍の場合

直列モデルにおいて，$\mu = 1$ の場合，そのアベイラビリティは

$$\frac{\mu^2}{(\lambda+\mu)^2} = 0.9999800$$

となり，$\mu = 0.1$ の場合

$$\frac{\mu^2}{(\lambda+\mu)^2} = 0.9998000$$

となる．アンアベイラビリティについては, 前者は 2.0×10^{-5}, 後者は 2.0×10^{-4} であり，修理率が 0.1 倍になるとアンアベイラビリティは 10 倍となる．この意味で，修理時間の長さに比例して信頼性が悪化している．

しかし，並列モデルにおいて，アベイラビリティは $\mu = 1$ の場合

$$\frac{\mu^2}{(\lambda+\mu)^2} + \frac{2\lambda\mu}{(\lambda+\mu)^2} = 0.99999999990000$$

となり，$\mu = 0.1$ の場合

$$\frac{\mu^2}{(\lambda+\mu)^2} + \frac{2\lambda\mu}{(\lambda+\mu)^2} = 0.99999999000000$$

となる．アンアベイラビリティについては, 前者は, 1.0×10^{-10}, 後者は 1.0×10^{-8} であり，100 倍程度の差が生じている．

つまり，通信ネットワークの構造によって，駆けつけ時間の変更の影響は相当の違いが生じることが分かる．

(5)　アベイラビリティの評価例　以上述べたように，状態遷移図からアベイラビリティを評価することができる．これは，真理表を用いた場合には評価が困難であった「各アイテムの故障の独立性」や「修理人の数が十分確保される」が満足されない場合でも，アベイラビリティを評価できる点が優れている．問題は，実際に状態遷移図から各状態の確率を求める計算が実際にはかなり煩雑である点である．

これに対し，シミュレーションにより状態確率を計算することが実際的であり，そのようなシミュレーションを実行するソフトウェアは市販されている．**OPENET**（高機能シミュレーションソフトウェアの1つ）は，そのような機能を持った代表的なソフトウェアである．ここで，OPENETを用いてアベイラビリティ評価を行った事例を紹介する．

評価対象は，図5.27～図5.29で示された3種類を想定する．故障率は 10^{-4}，修理に要する時間は，駆けつけ時間が0であれば，平均2時間で修理可能とした．この前提で，表5.3の4つの場合のシミュレーションを行った．シミュレーション結果を表5.4に示す．

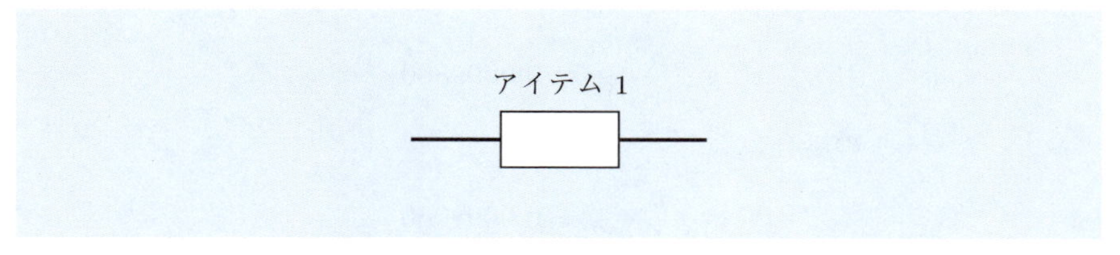

図5.27　**1**つのアイテムから構成されるモデル

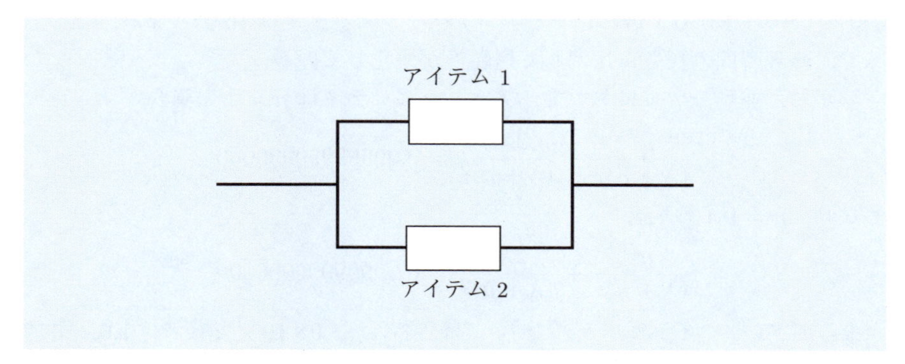

図5.28　**2**つのアイテムからなる並列モデル

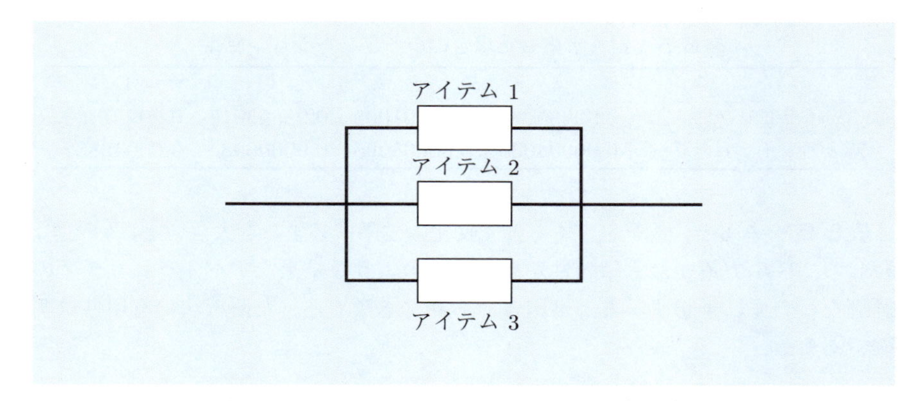

図5.29　**3** つのアイテムからなる並列モデル

表5.3　シミュレーションの前提

	モデル	修理人	駆けつけ時間
A	図5.27	1 人	0 時間
B	図5.28	2 人	8 時間
C	図5.28	1 人	5 時間
D	図5.29	3 人	48 時間

表5.4　シミュレーション結果

	A	B	C	D
アベイラビリティ	0.99980122	0.99999781	0.99999873	0.99999930
アンアベイラビリティ	0.00019988	0.00000219	0.00000127	0.00000070

表5.4 の結果をみると，信頼性向上への冗長化の効果は大きく，駆けつけ時間が相当長くなっても，図5.29 の冗長化を行うことで，アベイラビリティは最も高いことがわかる．人件費は，企業にとって大きなコストであり，機械の導入の方が安上がりであることが多い．つまり，図5.29 の冗長化を行うことによって，アベイラビリティを向上させ，かつ，コスト削減を実現できる．

次に，各アイテムの故障率が 10^{-5} とし，駆けつけ時間が 0 時間の場合に修理に要する平均時間が 2 時間，かつ，雷によってすべてのアイテムが同時に故障する事態の発生率が 10^{-5} であるという前提を置いた場合，各 A, B, C, D の評価結果がどのように変化するかの結果を表5.5 に示す．

表5.5　雷を考慮した場合のシミュレーション結果

	A	B	C	D
アベイラビリティ	0.99995965	0.99991005	0.99993015	0.99951168
アンアベイラビリティ	0.00004035	0.00008995	0.00006985	0.00048832

表5.5 をみると，雷を想定すると冗長化の効果は必ずしも大きいとはいえず，むしろ，B の方策が最も信頼性が高い．このような結果をアベイラビリティの評価を行わずに予想することは困難であり，本章で述べた解析法の有用性は明確である．

5.3.3　故障頻度の解析について

このように，トラヒック理論と同様に，状態遷移図を用いて信頼性の解析を行うことができる．具体的には，状態遷移図の各状態を正常状態と故障状態に分け，正常状態の状態確率を合計すればよい．

この方法は，単純に信頼性ブロック図から信頼性分析を行うやり方に比べて，より詳細な条件変更を考慮して信頼性分析を行うことができる．ただし，ここで信頼性分析と呼んでいるのは，結局のところアベイラビリティの評価であった．5.2.3 項の後半で述べたように，アベイラビリティと共に故障頻度もまた重要である．5.2.3 項の後半で，アベイラビリティの評価を故障頻度の評価に変換する方法を紹介したが，この方法は，やはり「各アイテムの故障の独立性」と「修理人が十分確保されている」ことを前提としている．これらの前提が満足されない場合，5.2.3 項後半で紹介した方法は利用することができない．

しかし，故障のメカニズムが状態遷移図で表され，各状態の状態確率が計算できるのであれば，故障頻度を評価することは可能である．以下ではその方法を紹介する．この方法の鍵となる概念は**臨界状態**である．臨界状態とは，以下の条件を満足する正常状態である．

臨界状態の条件：1 度の遷移で故障状態に遷移する．

たとえば，2 out of 3:G 系（3 つのアイテムから構成されており，そのうち 2 つ以上のアイテムが正常であれば全体が正常である）の状態遷移図は，図5.30 である．この場合，正常状態は

$$(1,1,1),\quad (1,1,0),\quad (1,0,1),\quad (0,1,1)$$

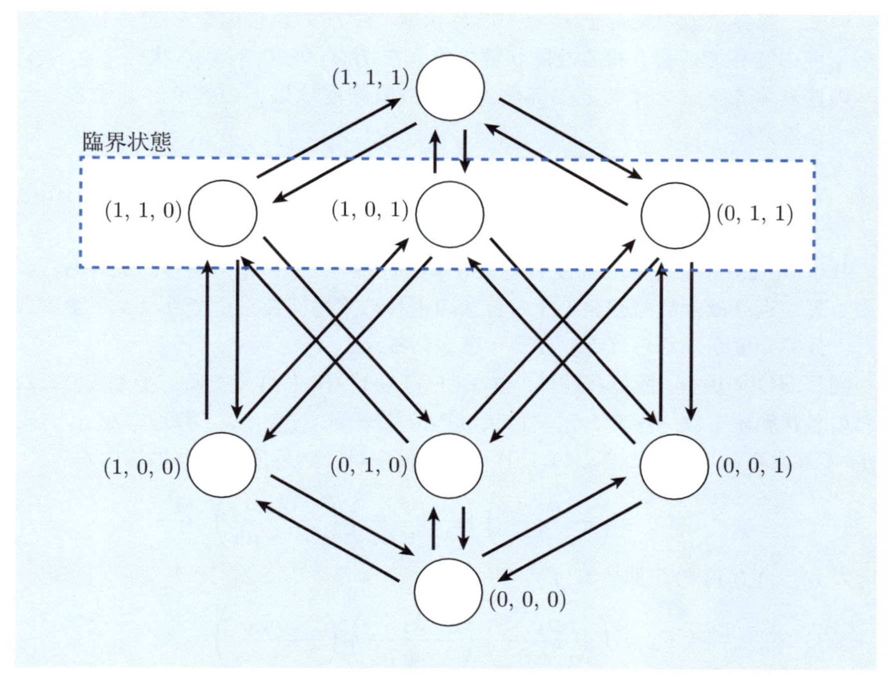

図5.30 臨界状態の例

であり，故障状態は

$$(1,0,0), \quad (0,1,0), \quad (0,0,1), \quad (0,0,0)$$

である．そして，この場合，臨界状態は

$$(1,1,0), \quad (1,0,1), \quad (0,1,1)$$

となる．

- (1,1,0) から 1 度の遷移（アイテム 1 の故障，またはアイテム 2 の故障）で故障状態 (0,1,0)，または (1,0,0) に遷移
- (1,0,1) から 1 度の遷移（アイテム 1 の故障，またはアイテム 3 の故障）で故障状態 (0,0,1)，または (1,0,0) に遷移
- (0,1,1) から 1 度の遷移（アイテム 2 の故障，またはアイテム 3 の故障）で故障状態 (0,0,1)，または (0,1,0) に遷移

するからである．

いま，臨界状態の集合を B とし臨界状態 $i \in B$ の正常確率を P_i，状態 i から1度の遷移で遷移し得る故障状態の集合を $H(i)$ とし，i から状態 $j \in H(i)$ への遷移率を γ_{ij} とすると，評価対象の故障頻度は以下の式で評価することができる．

$$\text{故障頻度} = \sum_{i \in B} P_i \left(\sum_{j \in H\,(i)} \gamma_{ij} \right) \tag{5.10}$$

これは，5.1.3 項で述べた頻度の概念も単位時間当たりの平均遷移回数であることを思い返せば，故障が発生するときの遷移の平均回数を全てカウントすることで故障頻度が求められることから導かれる．

図5.30 の場合，臨界状態は，(1,1,0), (1,0,1), (0,1,1) である．そして，これらの各状態確率は，各アイテム 1, 2, 3 の故障率が λ_1, λ_2, λ_3, 修理率が μ_1, μ_2, μ_3 で与えられているとき，(1,1,0) の状態確率は，状態間の遷移の均衡から

$$P_1 = \left(\frac{\mu_1}{\lambda_1 + \mu_1}\right)\left(\frac{\mu_2}{\lambda_2 + \mu_2}\right)\left(\frac{\lambda_3}{\lambda_3 + \mu_3}\right)$$

となり，(1,0,1) の状態確率は

$$P_2 = \left(\frac{\mu_1}{\lambda_1 + \mu_1}\right)\left(\frac{\lambda_2}{\lambda_2 + \mu_2}\right)\left(\frac{\mu_3}{\lambda_3 + \mu_3}\right)$$

となり，(0,1,1) の状態確率は

$$P_3 = \left(\frac{\lambda_1}{\lambda_1 + \mu_1}\right)\left(\frac{\mu_2}{\lambda_2 + \mu_2}\right)\left(\frac{\mu_3}{\lambda_3 + \mu_3}\right)$$

となる．したがって，式 (5.10) より故障頻度は次式で評価できる．

$$\begin{aligned}
&P_1(\lambda_1 + \lambda_2) + P_2(\lambda_1 + \lambda_3) + P_3(\lambda_2 + \lambda_3)\\
&= \left(\frac{\mu_1}{\lambda_1 + \mu_1}\right)\left(\frac{\mu_2}{\lambda_2 + \mu_2}\right)\left(\frac{\lambda_3}{\lambda_3 + \mu_3}\right)(\lambda_1 + \lambda_2)\\
&\quad + \left(\frac{\mu_1}{\lambda_1 + \mu_1}\right)\left(\frac{\lambda_2}{\lambda_2 + \mu_2}\right)\left(\frac{\mu_3}{\lambda_3 + \mu_3}\right)(\lambda_1 + \lambda_3)\\
&\quad + \left(\frac{\lambda_1}{\lambda_1 + \mu_1}\right)\left(\frac{\mu_2}{\lambda_2 + \mu_2}\right)\left(\frac{\mu_3}{\lambda_3 + \mu_3}\right)(\lambda_2 + \lambda_3)
\end{aligned}$$

もちろん，この例は，「各アイテムの故障の独立性」と「修理人が十分確保されている」が成立している例である．以下に，これらの前提が成立しない例として，図5.24 で示した雷が発生する場合で，かつ並列モデルの場合を示す．

この例では臨界状態は，図中の中央の状態である．その正常確率は，トラヒック解析により

$$\frac{\lambda_0 + 2\lambda}{\mu + \lambda_0 + 2\lambda + \frac{1}{2}\left\{\left(\frac{\lambda_0+2\lambda}{\mu}\right)\lambda + \lambda_0\right\}}$$

である．1 回の状態で，故障状態である図中の最下部の状態に遷移する．その遷移率は λ であるので，結局故障頻度は，以下の式で評価できる．

$$\left[\frac{\lambda_0 + 2\lambda}{\mu + \lambda_0 + 2\lambda + \frac{1}{2}\left\{\left(\frac{\lambda_0+2\lambda}{\mu}\right)\lambda + \lambda_0\right\}}\right]\lambda$$

このような解析は，式は複雑にみえるが，5.3.2 項の (5) で示したようなシミュレーションを用いれば，それほど困難な解析ではない．

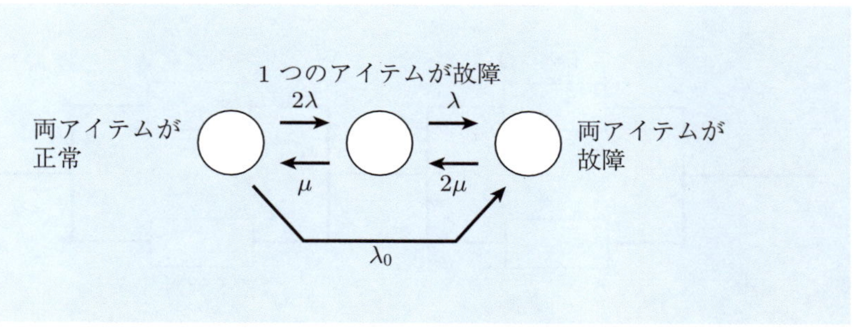

図5.24　雷の発生を考慮した状態遷移図（再掲）

5章の問題

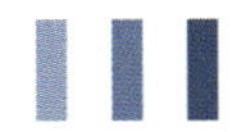

□**5.1**　$M/M/1$ モデルにおいて，10 時間に 8 人の顧客が到着し，平均 1 時間のサービス時間の後，顧客が退去するとき，待っている顧客の平均数と平均待ち時間を求めよ．

□**5.2**　$M/M/S(0)$ において，サービス窓口数 S が 2 であり，1 時間の間に顧客が平均 4 人到着し，平均 7.5 分サービスされるときの呼損率を求めよ．

□**5.3**　非修理系において，故障が指数分布にしたがって発生するとする．故障率が 0.0002 /時間のとき，時刻 $t = 10000$ [時間] での信頼度を求めよ．

□**5.4**　図5.31 の信頼性ブロック図において，各アイテムのアベイラビリティが 0.9999 のとき，全体のアベイラビリティを求めよ．

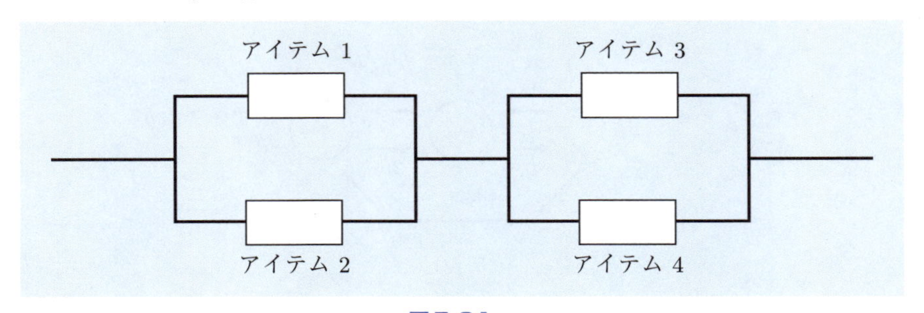

図5.31

□**5.5**　通信ネットワークのアベイラビリティが 0.9995 で，故障頻度が 0.0001 /時間のとき，この通信ネットワークの MTBF を求めよ．

問題略解

2章

■ **2.1**　メタルケーブルでは通信信号を伝送することができると共に，直流電流も流すことができる．一方，光ファイバでは直流電源の供給はできない．

■ **2.2**　64QAM の場合の信号点配置は以下のようになる．

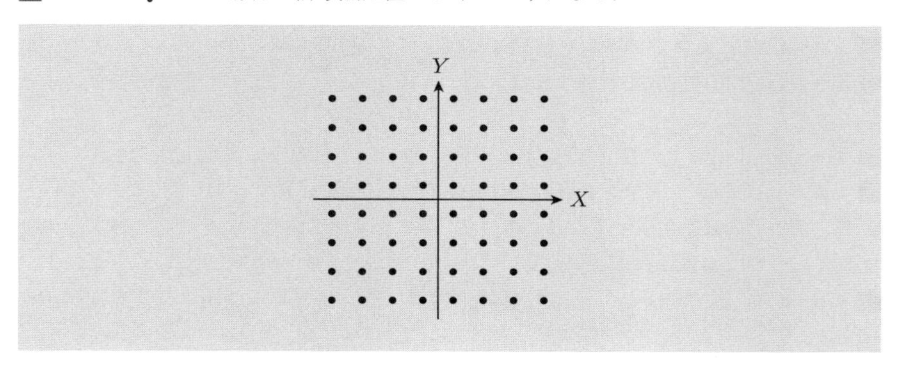

■ **2.3**　内積の計算方法には $\boldsymbol{A} \cdot \boldsymbol{B} = |\boldsymbol{A}||\boldsymbol{B}|\cos\theta$ だけではなく，2 つの関数の積を取って，1 周期について積分を取る計算法もある．

■ **2.4**　多重化しないとすると，ユーザ 1 人が通信中は，1 つの通信伝送路を占有することになる．そして，他のユーザはその伝送路を使用できない．ユーザ 1 人は 24 時間中，どの程度通信しているのか？ユーザが 10 人いたら待ち時間はどの程度か？待ち時間を減らすには通信伝送路をいくつ用意すればよいか？を推定してみる．

3章

■ **3.1**　式 (3.1) で P_r を一定として d を 2 倍にしたい場合，変えられるパラメータは P_t, G_t, G_r そして λ である．

■ **3.2**　**表3.1** を参照するとわかるように，電磁波は以下のような特徴を持つ．

・周波数が高い　→　直進性が高い，信号伝送効率が良い，早く減衰する

・周波数が低い　→　直進性が低い，信号伝送効率が悪い，減衰しにくい

注意：参考文献 [7], [8], [9] を参照

■ **3.3**　低い周波数の電磁波を送信・受信するには大きなアンテナが必要である．人工衛星に搭載可能なアンテナの大きさはどの程度か考える．

注意：参考文献 [10], [11] を参照

■ **3.4** 衛星通信システムが特定の方向を向く電界しか出さないとすると，地球局のアンテナが衛星通信システムの放射する電界の方向に合わせることはできるか否か考える.

■ **3.5** 人工衛星打ち上げ用ロケットの価格を調べてみる.

4章

■ **4.1** 4.1.2 項，および文献 [2], [16] を参考にして，パケット交換方式の利点（特徴）を簡潔に整理すればよい.

■ **4.2** 4.2 節，4.3 節の内容を整理すればよい.

■ **4.3** 4.4.2 項の内容を整理すればよい．エージング（再学習）機能についてもまとめること.

■ **4.4** 4.5.5 項の ICMP について，その機能と役割を整理すればよい.

■ **4.5** ARP はデータリンク層のプロトコルであり，これにより IP アドレスと MAC アドレスの対応表を生成することができる．4.5.6 項を再確認し，その必要性とその動作概要について整理すればよい.

■ **4.6** 4.5.4 項，および文献 [2], [16] を参考にし，各プロトコルの概要を理解すればよい.

■ **4.7** 4.6 節，4.7 節の内容を整理すればよい.

5章

■ **5.1** 到着率 λ は

$$\frac{8}{10} = 0.8$$

であり，サービス終了率（5.1.3 項冒頭参照）μ は

$$\frac{1}{1} = 1$$

であるので，呼量 ρ は

$$\rho = \frac{\lambda}{\mu} = \frac{0.8}{1} = 0.8$$

であるので，5.1.3 項の (2) 末の記述より，待っている顧客の平均人数は

$$\frac{\rho}{1-\rho} = \frac{0.8}{1-0.8} = 4$$

となる．平均待ち時間は

$$\frac{\rho}{(1-\rho)\mu} = \frac{0.8}{(1-0.8)\times 1} \fallingdotseq 4$$

より 4 時間となる.

■ **5.2** $a = 4 \times \frac{7.5}{60} = 1$ である．式 (5.2) より

$$P_S = \frac{\frac{a^S}{S!}}{\sum_{i=1}^{s} \frac{a^i}{i!}}$$

であり，$S = 2$ のときは

$$P_2 = \frac{\frac{1^2}{2!}}{\sum_{i=0}^{2} \frac{1^i}{i!}}$$

$$= \frac{\frac{1^2}{2!}}{\frac{1^1}{0!} + \frac{1^1}{1!} + \frac{1^2}{2!}} = 0.2$$

となり，呼損率は 0.2 である．

■ **5.3** 式 (5.4) の上部の解説より，$R(t) = e^{-0.0002t}$ であり，$t = 10000$ のときは

$$R(t) = e^{-0.0002 \times 10000}$$

$$= e^{-2} \fallingdotseq 0.135$$

と求められる．

■ **5.4** 式 (5.5), (5.6) より

$$\text{全体のアベイラビリティ} = (0.9999 + 0.9999 - 0.9999 \times 0.9999)$$

$$\times (0.9999 + 0.9999 - 0.9999 \times 0.9999)$$

$$= 0.99999998$$

と求められる．

■ **5.5** 5.2.2 項の (2) より

$$\text{アベイラビリティ} = \frac{\text{MTBF}}{\text{MTBF} + \text{MTTR}}$$

$$\text{故障頻度} = \frac{1}{\text{MTBF} + \text{MTTR}}$$

したがって

$$\text{MTBF} = \frac{\text{アベイラビリティ}}{\text{故障頻度}}$$

$$= \frac{0.9995}{0.0001} = 9995\,[\text{時間}]$$

と求められる．

参考文献

[1] 今井秀樹：『情報・符号・暗号の理論』，コロナ社（2004）
[2] 田坂修二：『情報ネットワークの基礎 [第 2 版]』，数理工学社（2013）
[3] 赤岩芳彦：『ディジタル移動通信技術のすべて』，コロナ社（2013）
[4] 横山光雄：『スペクトル拡散通信システム』，科学技術出版社（1988）
[5] 山内雪路：『スペクトラム拡散通信—第 2 版』，東京電機大学出版局（2001）
[6] 谷口慶治編：『信号処理の基礎』，共立出版（2001）
[7] 安達三郎：『電磁波工学』，コロナ社（1983）
[8] 徳丸仁：『基礎電磁波』，森北出版（1992）
[9] 藤本京平：『入門電波応用』，共立出版（1993）
[10] 後藤尚久：『図説・アンテナ』，電子情報通信学会（1995）
[11] 電子通信学会編：『アンテナ工学ハンドブック』，オーム社（1980）
[12] 桑原守二監修：『自動車電話』，コロナ社（1985）
[13] 後藤尚久，新井宏之：『電波工学』，昭晃堂（1992）
[14] 高橋応明：『電磁波工学入門』，数理工学社（2011）
[15] C.A. Balanis：“Antenna Theory − Analysis and Design − 2nd Edition”, John Willey & Sons, Inc.（1982）
[16] 三輪賢一：『TCP/IP ネットワーク [改訂 3 版]』，技術評論社（2013）
[17] 秋丸春夫，川島幸之助：『情報通信トラヒック』，電気通信協会（1990）
[18] 高橋敬隆，山本尚生，吉野秀明，戸田彰：『分かりやすい待ち行列システム—理論と実践—』，電子情報通信学会（2003）
[19] 真壁肇：『信頼性工学入門』，日本規格協会（2010）
[20] 林正博，阿部威郎：『通信ネットワークの信頼性』，電子情報通信学会（2011）
[21] 日本工業規格，JIS Z 8115（2000）
[22] W.G. Schneeweiss：“Boolean functions with engineering applications and computer programs”, Springer-Verlag（1989）
[23] M. Hayashi, T. Abe, and I. Nakajima：“Transformation from availability expression to failure frequency expression”, IEEE Trans. on Reliability, Vol.**55**, No. 2, pp. 252-261（2006）
[24] M. Hayashi：“Effects of reliability measures on market share”, IEICE Trans. on fundamentals, Vol. **E94-A**, No. 10, pp. 2043-2047（2011）
[25] 池原雅章，奥田正浩，長井隆行：『だれでもわかる MATLAB』，培風館（2006）

[26] A.S. Sethi, V.Y. Hnatyshin：“The practical OPNET user guide for computer network simulation”, CRC Press（2012）

[27] E. Aboelela：“Network simulation experiments manual, second edition”, Morgan Kaufmann（2007）

[28] アーラン B 式計算ツール，http://euda.sub.jp/sample/erlb/

索　　引

あ　行

アーラン　109
アーラン B 式　109
アイテム　111
アプリケーション　61
アベイラビリティ　115
アポジキックモータ　47
アンアベイラビリティ　115
アンテナ　8, 26
アンテナ利得　29
アンペールの法則　24

位相偏移変調　11
位置情報　33
位置登録データベース　33
移動関門交換局　33
移動体通信　31
移動通信制御局　33
インターネット　57
インターネットプロトコルスイート　61

ウィンドウサイズ　96
ウィンドウ制御　89

衛星通信システム　45
エージング　69

オープンネットワーク　61
オペレーションズリサーチ　102

か　行

回線交換方式　40
回線数　102
階層統合型システム　59
開放型システム間相互接続に関する基本参照モデル　61
拡散符号　17
確率分布　105
カスケード接続　67
稼働率　115
カプセル化　64
可用性　115

逆拡散　18

クライアント–サーバプロトコル　86
クラス A のネットワーク　76
クラス B のネットワーク　76
クラス C のネットワーク　77
クラス D　77
クラス E　77
クラッド　9

携帯電話　31

コア　9
広告ウィンドウサイズ　91
国際電気通信連合無線通信部門　47

国際標準化機構　61
故障状態　120
故障頻度　115
故障率　112
呼損　109
呼損率　105
コネクション　61, 88
コネクション型　72
コネクションレス型　72
コモンモード電流　24
コリジョンドメイン　67
呼量　109

さ　行

サービスエリア　31
サービス終了率　105
最大セグメント長　92
サブネットマスク　79
サブネットワーク部　75

シーケンス番号　89
指数分布　105
時分割多重　37
周回衛星　47
集線装置　56
集中管理型ネットワーク　56
周波数分割多重　36
周波数偏移変調　11
周波数ホッピング　16
修理系　112
準天頂衛星　52
準同期軌道衛星　49
状態　120
状態確率　105
状態遷移図　105
冗長化　112
衝突領域　67
シングルモードファイバ　9
信号増幅装置　66
振幅偏移変調　11
信頼性　111
信頼性解析　116, 119
信頼性設計　116
信頼性ブロック図　117
信頼性理論　101
信頼度　112
真理表　120
真理表法　120

スイッチングハブ　68
スペクトラム拡散技術　16
スライディングウィンドウ　96
スロースタート　98

静止軌道　45
正常状態　120
絶対利得　29
セル　33
遷移　105
遷移率　105

層　61
双対状態電流　24
即時系　104

た　行

待時系　104
タイムアウト再送　95
タクシー無線システム　31
多重化　35

中軌道周回衛星　49
直接拡散　17
直並列モデル　118
直列モデル　117
直交　13

直交周波数分割多重 19
直交振幅変調 13

低軌道周回衛星 47
ディスタンスベクタ型 83
データリンク層 62
データリンクヘッダ 64
電磁波 22
電波 22
電波法 22
電流の節 24
電流の腹 24

同軸線 7
独立故障 130
ドット付 10 進数表記 75
トラヒック設計 104
トラヒック理論 101
トランシーバ 31
トランスポート層 63

な 行

ネクストホップ 81
ネットワークアドレス 78
ネットワーク層 63
ネットワーク部 75
ネットワークモデル 118

は 行

パケット 42
パケット交換方式 42, 57
ハブ 56, 66
パンク 40
搬送波 11
ハンドオーバ 34

光ファイバ伝送路 9
非修理系 112
ビットストリーム 66
評価尺度 111
頻度 105

ファイブナイン 117
ファイル転送プロトコル 87
ファラデーの電磁誘導の法則 26
不稼働率 115
複雑系 60
輻輳 98, 102
輻輳ウィンドウサイズ 98
輻輳回避 98
輻輳制御 89
輻輳制御機構 98
符号分割多重 38
不信頼度 112
プッシュ機構 91
物理層 62
不平衡系伝送線路 7
フラグメント 74
フラグメント識別子 74
フラッディング 67, 69
フリスの伝送公式 29
フレーム 62, 64
プレフィックス長 79
プレフィックス表記 79
ブロードキャストアドレス 78
ブロードキャストチャネルネットワーク 56
プロトコルスタック 61
分散管理型ネットワーク 56

平均待ち時間 107
平衡系伝送線路 7
並列モデル 117
ペイロード 64
ベストエフォート型サービス 72

ヘッダ　64
変調　11
変調作業　6

ポイントツーポイントチャネルネットワーク　56
ポート　66, 81
ポート番号　87
ホスト部　75
ホップ　81

ま　行

マイクロ波　22
待ち時間　105
マルチモードファイバ　9

ミリ波　22

無線伝送路　8

メタルケーブル　6
メトリック　81

モバイル通信　31

や　行

よく知られたポート番号　87
より対線　7

ら　行

ランダム到着　105

リピータ　66
リピータハブ　66
利用率　107
臨界状態　136
リンクステート型　83
ルータ　71
ルーティング　80
ルーティングエントリ　81
ルーティングテーブル　80

レイヤ 3 スイッチ　69
レイヤ 4 スイッチ　69
レイヤ 5 スイッチ　69

論理アドレス　75

英数字

ACK　91
Acknowledgment Number　91
ARP　84
ARP テーブル　85
ARP リクエスト　84
ARP リプライ　84
AS　81
ASK　11

BGP-4　83
Busy　40

CDMA　38
Cell phone　33
Checksum　91

Data Offset　91
Destination Address　74
Destination Port　90
destination unreachable　83
DF　74
DGPS　52
DHCP　86
Differential mood 電流　24
DSSS　17

echo 84
echo reply 84
EGP 81

FDMA 36
FHSS 16
FIN 91
Flag 74
FO 74
FSK 11
FTP 87

GPS 49
GSM 4
GSO 45

Header Checksum 74

IANA 75
ICANN 75
ICMP 83
IEEE 20, 68
IEEE 802.11 20
IGP 81
IGRP 83
IHL 73
Integrated IS-IS 83
IP 72
IP アドレス 63, 75
IP データグラム 64, 72
IP パケット 64, 72
IP ヘッダ 64
IPv4 72
IPv4 アドレス 75
IPv6 72
ISO 61
ITU-R 47
IW 98
IX 57

k out-of N:G 系 118

LAN 56
LTE 4

MAC アドレス 68
MAN 56
MATLAB 124
MF 74
$M/M/S(0)$ 108
$M/M/1$ 108
MSS 92
MTBF 114
MTTF 112
MTTR 114
MTU 74

OFDM 19
OPENET 134
Option 74, 92
OR 102
OSI 参照モデル 61
OSPF 83

Padding 74, 92
PDC 4
PHS 35
ping 84
PN 系列 17
Protocol 74
PSH 91
PSK 11
P.O.I. 33

QAM 13
QoS 72

QPSK　13

RARP　85
redirect　84
Reserved　91
RIP　83
RST　91
RTT　96

Sequence Number　90
SMTP　87
SNA　61
SNMP　99
Source Address　74
Source Port　90
source quench　84
SYN　91
S/N　33

TCP　87, 90
TCP 擬似ヘッダ　91
TCP セグメント　64, 87, 88
TCP ヘッダ　90
TCP/UDP ヘッダ　64
TDMA　37
Telnet　87
TEM 波　26
time exceeded　84
TL　74
ToS　73
TTL　74, 84

UDP　87, 99
UDP セグメント　64, 87, 99
URG　91
Urgent Pointer　92

Version　73

WAN　56
Window　91
www-HTTP　87

1 次変調　16
16QAM　13
2 次変調　16
256QAM　14
3 方向ハンドシェイク　92
3.9G 携帯　4
64QAM　14
8PSK　13

著者略歴

岡 野 好 伸（おかの よしのぶ）

1999 年　千葉大学科学研究科博士課程後期修了
現　在　東京都市大学知識工学部教授　博士（工学）
電子情報通信学会，IEEE，電気学会，映像情報メディア学会など会員

主要著書　スマートシティの電磁環境対策（分担執筆，S&T 出版）
最新 RFID の EMC 対策技術（月刊 EMC，ミマツ）

宇 谷 明 秀（うたに あきひで）

1995 年　日本大学大学院数理工学専攻博士課程後期修了
現　在　東京都市大学知識工学部教授　博士（工学）

主要著書　Sustainable Wireless Sensor Networks（共著，InTech Publisher）

林　正 博（はやし まさひろ）

1986 年　名古屋大学理学部卒業
現　在　東京都市大学知識工学部准教授　博士（工学）
電子情報通信学会シニア会員，IEEE シニア会員，日本建築学会員

主要著書　通信ネットワークの品質設計（共著，電子情報通信学会）
通信ネットワークの信頼性（共著，電子情報通信学会）

電気・電子工学ライブラリ＝UKE–C3
無線とネットワークの基礎

2015 年 5 月 10 日 ©　　初 版 発 行

著 者　岡 野 好 伸　　発行者　矢 沢 和 俊
　　　　宇 谷 明 秀　　印刷者　小宮山恒敏
　　　　林　 正 博

【発行】　株式会社　**数理工学社**
〒151–0051　東京都渋谷区千駄ヶ谷 1 丁目 3 番 25 号
編集☎（03）5474–8661（代）　サイエンスビル

【発売】　株式会社　**サイエンス社**
〒151–0051　東京都渋谷区千駄ヶ谷 1 丁目 3 番 25 号
営業☎（03）5474–8500（代）　振替 00170–7–2387
FAX☎（03）5474–8900

印刷・製本　小宮山印刷工業（株）

ISBN978–4–86481–029–6

PRINTED IN JAPAN